教育技术学专业主干课程系列教材

数 据 结 构

（面向信息学竞赛）

徐家臻　童名文　董　石　庞世燕　主编

U0220806

科 学 出 版 社

北 京

内 容 简 介

  本书是为教育技术学专业"数据结构"课程编写的教材，书中详细介绍了各类常用数据结构的概念、实现和应用，以及各种常见排序、查找和动态规划算法。同时，针对本专业学生就业后指导中学生信息学奥林匹克竞赛的实际需求，在各章节中加入了对应 C++ STL 的介绍，以及利用数据结构和算法知识解决信息学竞赛题目的内容。全书使用 C++语言作为代码实现语言。

  本书可作为教育技术学专业本科教材，也可供信息学相关专业学生和工程技术人员阅读参考。

图书在版编目（CIP）数据

数据结构：面向信息学竞赛/徐家臻等主编. —北京：科学出版社，2021.8

教育技术学专业主干课程系列教材

ISBN 978-7-03-069651-9

Ⅰ. ①数⋯ Ⅱ. ①徐⋯ Ⅲ. ①数据结构–高等学校–教材 ② C++语言–程序设计–高等学校–教材 Ⅳ. ①TP311.12 ②TP312.8

中国版本图书馆 CIP 数据核字（2021）第 172178 号

责任编辑：乔宇尚 纪四稳 / 责任校对：王 瑞
责任印制：张 伟 / 封面设计：蓝正设计

科 学 出 版 社 出版
北京东黄城根北街 16 号
邮政编码：100717
http://www.sciencep.com

北京九州迅驰传媒文化有限公司 印刷
科学出版社发行 各地新华书店经销
*

2021 年 8 月第 一 版 开本：720 × 1000 1/16
2022 年 4 月第二次印刷 印张：16 3/4
字数：346 000
定价：59.00 元
（如有印装质量问题，我社负责调换）

"教育技术学专业主干课程系列教材"总序

　　教育技术学是研究信息技术环境下学与教的理论与实践规律的交叉学科。它以解决教育教学问题、提升学习效果为目标，聚焦于信息技术与教育教学深度融合的理论与方法。教育技术学是连接教学理论、学习理论与教学实践之间的桥梁，具有多学科交叉的特色及技术促进教育教学改革创新的主体学科方向。

　　20 世纪初期，广播、电视及电影等技术的发展对教育产生了巨大影响，视听教学和个性化教学在不同教育情境中得到广泛应用，教育技术学科在此基础上诞生。20 世纪后半叶，随着微型计算机和互联网技术的发展、应用和普及，教育技术实践呈现爆炸式增长，其潜在价值被进一步认可。进入 21 世纪，人工智能、大数据、移动网络、云计算、学习分析、大规模在线开放课程（MOOC）、混合现实和多模态采集（眼动、脑电、核磁等）等技术的飞速发展，给教育技术学科注入了新的活力，诞生了很多新的发展方向。

　　从世界范围看，不少发达国家和国际组织在部署教育发展战略时，都非常重视教育技术应用和专业人才培养。例如，美国教育部从 1996 年起就通过"国家教育技术规划"（National Education Technology Plan，NETP）不断指引着美国教育技术人才的培养方向；新加坡政府多年来高度重视教育技术人力资源储备，将其写进了该国的教育信息化发展规划。联合国教科文组织于 2019 年召开第二次教育信息化能力框架会议，为教育技术发展和人才培养方向提出了新的能力目标。

　　在不同的发展阶段，尤其是进入 21 世纪以来，我国也高度重视教育技术专业的发展和人才培养工作。《国家中长期教育改革和发展规划纲要（2010—2020 年）》明确提出信息技术对教育发展具有革命性影响 ，教育部《教育信息化十年发展规划（2011—2020 年）》明确提出信息技术与教育教学全面深度融合，教育部《教育信息化 2.0 行动计划》中明确指出：以教育信息化支撑引领教育现代化，是新时代我国教育改革发展的战略选择，对于构建教育强国和人力资源强国具有重要意义。应用人工智能、大数据、互联网等信息技术手段深化我国教育改革发展，进一步提升教育质量和促进教育公平，建设"人人皆学、处处能学、时时可学"的学习型社会，必须培养和汇聚一支面向我国新时代重大战略需求的教育技术专业人才队伍。

社会发展进入新时代，对教育技术学专业学生应该根据发展方向提出不同的培养目标：我们希望师范生能够进入重点或示范性学校，在各级教育体系中逐步成长为信息化教学骨干、学术带头人和专家型教育信息化建设者，能开展跨学科的交流和合作，促进信息技术与各学科的深度融合，带动各学科教师信息技术能力的提升；非师范生应该具有现代教育理念，可以在正式和非正式教育领域中担当教学系统规划设计师，在政府、企业和商业领域内作为培训专家、绩效管理专家和技术管理人才，也可以成为教育应用领域的新技术研究开发人员，引领和推动教育信息化实践与创新发展。

就目前来看，和学科快速发展形成鲜明对比的是，教育技术学专业主干课程的配套教材相对比较陈旧，许多经典教材都出版于十多年前，未能反映近十年来教育技术领域所涌现的新理论、新方法、新技术以及丰富的研究成果，也不能体现我国教育信息化发展现状、教育治理需求和人才培养目标的重大变化。同时，由于专业课程体系的调整，部分新增课程缺乏相应教材，也给高校教育技术学专业开展相关专业课程教学带来了诸多不便。因此，根据当前我国教育技术学专业的人才培养需要，建设具有鲜明时代特征、服务国家教育信息化发展的系列教材，具有重要意义。

针对上述专业发展需求，华中师范大学人工智能教育学部依托教育技术学专业组织编写、出版了这套"教育技术学专业主干课程系列教材"。华中师范大学教育技术学专业为国家首批一流本科专业建设点，专业所隶属的教育学一级学科入选国家双一流建设学科，在全国第四轮学科评估中获评 A 档，专业人才培养具有"AI+教育"学科交叉、产学研协同共建的鲜明特色。这套教材是我校教育技术学国家一流专业建设的经验总结，教材内容为本专业骨干教师多年教学实践与科学研究的总结、凝练，反映出教学和科研的良性互动，体现了教育技术学专业的建设成果。

考虑到社会发展和人才培养的需要，我们编写的教材具有以下特点：①紧扣前沿，与时俱进。面向 21 世纪信息化教育和信息素养培养的新要求，展现了最新的教学研究成果。②目标明确，能力导向。对标教育技术学专业人才培养目标和毕业生能力要求，对课程内容体系进行了重构和优化。③问题引导，案例丰富。改变陈述式的讲解，用真实复杂的问题情境和大量鲜活的教学案例，培养学生高阶思维和应用理论知识解决教育教学实际问题的能力。④深入浅出，易于理解。提倡采用对话式的通俗语言，避免使用艰涩的学术术语，让学习者通过理解与学术沟通，符合现代学生的认知发展规律。

我们期望，这套教材的编写和出版，能够弥补教育技术学专业的教学建设和人才培养基础不足的缺憾，更希望对于教育技术学专业的发展产生积极的影响。当然，由于各种因素制约，一些新的学术成果也不是非常成熟，教材内容也难免存在一定的疏漏和不足。因此，希望教育技术学界的同人不吝赐教，指出教材中存在的问题，反馈教材使用的效果，使该套教材在教学实践中得到不断的修改和完善，借此推进教育技术学学科专业的发展和进步。同时，让我们在推动和促进教育现代化的战略中发挥更加重要的作用。

2021 年 8 月

序

我们在华中师范大学教育信息技术学院为教育技术学专业的学生教授数据结构课程已经十几年了。作为专业主干课程，我们一直听着一对矛盾的声音，一个来自在校学生，他们总是抱怨为什么这门课又难又没用，放他们过关不好吗？另一个来自毕业学生，他们总是抱怨为什么当时不讲清楚这门课到底有什么用，害得他们"书到用时方恨少"。我们说当时讲了啊，你们将来当中学老师，指导信息学奥林匹克竞赛的时候会用到。学生说没有印象了，你们没讲过。我们开始反思这个问题。有用性是激发学生学习动机的重要因素，我们是不是应该把课程的有用性说得更直接一些，甚至融入每一部分的教学内容之中呢？信息学奥林匹克竞赛是我们专业有用性认知程度最高的应用领域，但目前我们找不到一本围绕信息学奥林匹克竞赛讲解数据结构知识的教材，于是产生了编写这种教材的想法。

我们开始尝试在课程里加入信息学奥林匹克竞赛题目的讲解，把它们作为知识导入的情景和知识应用的场域，同时在实验课上让学生去 Online Judge 系统里刷题，体验这种竞赛形式带来的特殊挑战，也真切地感受知识的有用性，从而激发学生学习的内生动力。实际上这样做让我们的课程变得更难了，但是学生的抱怨的确反而减少了。实践证明，我们加入信息学奥赛内容，以激发学生学习动机的方法是有效的，相信这一经验也能为本专业的其他同行所借鉴。

最早我们的代码是用 C 语言实现的，从学习数据结构的角度来说，使用什么语言都可以。但信息学奥林匹克竞赛允许使用 C++ STL，用这些实现好的数据结构类库解题可以减少代码量，提高解题速度，于是我们又把每种数据结构对应的 C++ STL 用法简介加入课程。

动态规划一般不出现在传统意义上的数据结构课程中，而属于更高阶的算法课程，但因为它是竞赛的必考内容，也提供了一些基础题型供学生学习。

最后我们完成了这样一本教材，把以上内容穿插编排在传统的数据结构基本内容之中，也就是现在呈现给读者的样子。通过这本教材，希望与更多同行分享我们教学经验的同时,也真诚地期待广大读者给我们提出宝贵的意见和建议,以便后期我们对这本教材进行调整和优化。

编　者

2020 年 6 月

前　言

　　《数据结构(面向信息学竞赛)》是一本为教育技术学专业本科生编写的教材，主要介绍数据结构的基础知识，并将数据结构基本理论与全国青少年信息学奥林匹克竞赛相结合，着重培养学生利用数据结构知识解决信息学竞赛题目的能力，为学生毕业后到中学从事信息学教学工作、指导中学生参加信息学竞赛打下良好的基础。

　　为此，本书区别于其他数据结构教材，除在每个章节介绍数据结构基本原理，还加入了与该章节有关的中学信息学竞赛原题和模拟题的讲解，作为数据结构的应用示例。本书采用 C++语言作为编码工具，这主要是因为信息学竞赛允许使用 C++ STL。众所周知，相比于先用 C 语言实现数据结构，再用数据结构解决问题，使用 STL 自带的数据结构可以明显减少代码量，提高解题速度。为此，本书对各种数据结构相关的 STL 容器类的用法进行简单介绍，并将其应用于解题过程。相应地，读者在阅读本书前也需要对 C++的基本语法有一定程度的了解。对一些与 STL 无关或者写成模板类意义不大的部分，如单链表、字符串数组的匹配、排序、最短路径算法等，为了便于读者阅读和理解，也没有过度强调用 C++的模板类进行封装，而是采取了类似 C 语言的方式进行处理。

　　本书共 10 章，主要内容如下：

　　第 1 章为概述，对数据结构、算法和算法分析进行简要介绍。

　　第 2 章为线性表，主要介绍顺序表和链表的实现及应用。

　　第 3 章为栈与队列，主要介绍栈和队列的实现及应用，并对优先级队列的用法进行简要介绍。

　　第 4 章为递归，因为递归是深入理解编程的难点，且在信息学竞赛中较为重要，将其单独列为一章，对递归的原理、实现和应用进行说明。

　　第 5 章为串，主要介绍串的实现、串匹配和相关应用。

　　第 6 章为树，主要介绍树和二叉树的实现及应用。

　　第 7 章为图，主要介绍图的实现，以及最小生成树、最短路径等关于图的一些经典算法与应用。

第 8 章为排序，主要介绍冒泡排序、插入排序、归并排序、快速排序、堆排序和基数排序等算法的原理。

第 9 章为查找，主要介绍二分查找法、哈希表和查找树等查找数据结构及算法。

第 10 章为动态规划，主要介绍动态规划算法的原理与应用。

本书第 1～3、6 章主要由徐家臻编写，第 4、10 章主要由童名文编写，第 5、7 章主要由董石编写，第 8、9 章主要由庞世燕编写。由于水平有限，书中不足之处在所难免，恳请广大读者批评指正。

编　者

2020 年 6 月

目　　录

"教育技术学专业主干课程系列教材"总序

序

前言

第1章　概述 ……………………………………………………………… 1

  1.1　数据结构 …………………………………………………………… 2

    1.1.1　数据与数据结构的定义 ……………………………………… 2

    1.1.2　逻辑结构、物理结构和抽象数据类型 …………………… 3

  1.2　算法与算法分析 …………………………………………………… 5

    1.2.1　算法 ……………………………………………………………… 5

    1.2.2　算法的性质和判断算法优劣的标准 ……………………… 5

    1.2.3　算法分析 ……………………………………………………… 7

  1.3　全国青少年信息学奥林匹克联赛简介 ………………………… 10

  1.4　C++ STL 简介 ……………………………………………………… 11

  习题 …………………………………………………………………… 12

第2章　线性表 ………………………………………………………… 13

  2.1　顺序表 ……………………………………………………………… 13

    2.1.1　顺序表的基本概念 ………………………………………… 13

    2.1.2　顺序表的实现 ……………………………………………… 14

    2.1.3　顺序表操作的时间复杂度 ………………………………… 19

  2.2　C++ STL 中顺序表的用法 ……………………………………… 19

  2.3　信息学竞赛中顺序表的应用 …………………………………… 21

  2.4　单链表 ……………………………………………………………… 26

    2.4.1　链表的基本概念 …………………………………………… 26

    2.4.2　链表的实现 ………………………………………………… 28

    2.4.3　链表操作的时间复杂度 …………………………………… 32

  2.5　循环链表、双向链表和静态链表 ……………………………… 32

    2.5.1　循环链表 ……………………………………………………… 32

    2.5.2　双向链表 ……………………………………………………… 33

    2.5.3　静态链表 ……………………………………………………… 35

2.6　C++ STL 中链表的用法 ································· 36

2.7　信息学竞赛中链表的应用 ···························· 37

习题 ··· 39

第 3 章　栈与队列 ·· 40

3.1　栈 ·· 40

3.1.1　栈的基本概念 ································· 40

3.1.2　顺序栈的实现 ································· 41

3.2　C++ STL 中栈的用法 ······························· 42

3.3　信息学竞赛中栈的应用 ······························ 42

3.4　队列 ·· 48

3.4.1　队列的基本概念 ····························· 48

3.4.2　链式队列的实现 ····························· 51

3.5　C++ STL 中队列的用法 ···························· 52

3.5.1　队列 queue 的用法 ·························· 52

3.5.2　优先级队列 priority_queue 的用法 ····· 52

3.6　信息学竞赛中队列的应用 ··························· 54

习题 ··· 57

第 4 章　递归 ·· 59

4.1　基本概念与用法 ·· 59

4.1.1　递归的基本概念 ····························· 59

4.1.2　递归的特点 ··································· 61

4.2　递归与栈的关系 ·· 61

4.3　递归算法 ·· 63

4.3.1　穷举法 ·· 63

4.3.2　分治法 ·· 65

4.3.3　回溯法 ·· 70

4.4　信息学竞赛中递归的应用 ··························· 74

习题 ··· 78

第 5 章　串 ·· 79

5.1　串的基本概念 ··· 79

5.2　串的存储结构 ··· 80

5.2.1　串的顺序存储 ································· 80

5.2.2　串的链式存储 ································· 85

5.3　串的模式匹配算法 ····································· 85

5.3.1　Brute-Force 算法 ···························· 85

5.3.2 KMP 算法 87
5.4 C++ STL 中字符串的用法 91
5.4.1 string 的头文件、定义与初始化 91
5.4.2 string 的基本操作 91
5.5 信息学竞赛中字符串的应用 93
习题 95
第 6 章 树 97
6.1 树的基本概念 97
6.2 二叉树 98
6.2.1 二叉树的基本概念与性质 98
6.2.2 二叉树遍历 101
6.3 哈夫曼树 108
6.3.1 变长编码 108
6.3.2 哈夫曼树与哈夫曼编码 110
6.4 树与森林 115
6.4.1 树与森林的表示方法 115
6.4.2 等价类问题与并查集算法 118
6.5 信息学竞赛中树的应用 121
习题 123
第 7 章 图 125
7.1 图的基本概念 125
7.1.1 图的定义 125
7.1.2 图的基本术语 125
7.2 图的存储方法 127
7.2.1 邻接矩阵存储方法 127
7.2.2 邻接表存储方法 129
7.3 图的遍历 131
7.3.1 深度优先搜索遍历 131
7.3.2 广度优先搜索遍历 132
7.3.3 非连通图的遍历 133
7.4 最小生成树问题 134
7.4.1 生成树 134
7.4.2 最小生成树 135
7.4.3 普里姆算法 135
7.4.4 克鲁斯卡尔算法 139

7.5 　最短路径问题 ·· 140

　　7.5.1 　单源最短路径 ··· 140

　　7.5.2 　任意两点间的最短路径 ··· 144

7.6 　拓扑排序 ·· 147

7.7 　信息学竞赛中图的应用 ··· 149

习题 ·· 154

第 8 章　排序 ·· 156

8.1 　冒泡排序 ·· 156

　　8.1.1 　冒泡排序算法 ··· 156

　　8.1.2 　冒泡排序的时间复杂度 ··· 159

8.2 　插入排序 ·· 159

　　8.2.1 　插入排序算法 ··· 159

　　8.2.2 　插入排序的时间复杂度 ··· 161

8.3 　归并排序 ·· 161

　　8.3.1 　归并排序算法 ··· 161

　　8.3.2 　归并排序的时间复杂度 ··· 163

8.4 　快速排序 ·· 165

　　8.4.1 　快速排序算法 ··· 165

　　8.4.2 　快速排序的时间复杂度 ··· 167

8.5 　堆排序 ·· 170

　　8.5.1 　堆的概念与建立堆的方法 ·· 170

　　8.5.2 　堆排序算法 ·· 174

　　8.5.3 　堆排序的时间复杂度 ·· 175

8.6 　比较排序算法的实质 ··· 175

8.7 　基数排序 ·· 177

　　8.7.1 　线性时间排序算法 ··· 177

　　8.7.2 　基数排序算法 ··· 178

　　8.7.3 　链式基数排序算法 ··· 179

8.8 　各种排序算法复杂度比较 ··· 181

8.9 　C++ STL 中排序算法的用法 ·· 182

　　8.9.1 　几种常用的 STL sort 算法函数简介 ·· 182

　　8.9.2 　sort 函数使用方法 ·· 183

8.10 　信息学竞赛中排序的应用 ··· 184

习题 ·· 188

第 9 章 查找 ··· 189
  9.1 **二分查找法** ··· 189
    9.1.1 二分查找法的实现 ································· 189
    9.1.2 C++ STL 中二分查找的用法 ················· 191
  9.2 **哈希表** ·· 193
    9.2.1 哈希函数 ·· 194
    9.2.2 开放定址法 ··· 195
    9.2.3 链地址法 ·· 198
    9.2.4 哈希表的时间复杂度 ··························· 199
    9.2.5 C++ STL 中哈希表的用法 ···················· 201
  9.3 **查找树** ·· 203
    9.3.1 二叉查找树 ··· 203
    9.3.2 红黑树 ··· 210
    9.3.3 C++ STL 中二叉查找树的用法 ·············· 217
  9.4 **信息学竞赛中查找的应用** ····························· 219
  习题 ··· 223
第 10 章 动态规划 ·· 225
  10.1 **动态规划基础** ·· 225
  10.2 **背包问题** ·· 230
  10.3 **区间动态规划** ·· 234
  10.4 **信息学竞赛中动态规划的应用** ······················ 238
  习题 ··· 244
习题参考答案或提示 ·· 245
参考文献 ·· 248

第1章 概 述

什么是数据结构？为什么要学习它？

计算机和互联网已经成为社会生活的重要组成部分，人们对各种计算机术语也越来越熟悉。因此，大部分计算机专业课程只听名字就大概能知道或者猜到课程要讲什么，如"计算机网络"、"操作系统"、"数据库"或者"人工智能"。

但"数据结构"这个词平常很少见，即使是科技时讯节目，也不会有"近日某国科学家发现了一种新型的数据结构"之类的报道。

既然如此，最好先通过几个例子了解一下什么是数据结构。

假设你是某个生活在几十年前的"化石级"程序员，你和你周围所有人掌握的计算机知识就是C语言，或许还有某个简单的图形库。通过你们的不懈努力和艰苦攻关，你们先后完成了图书管理系统、人事管理系统、飞机订票系统和产品销售系统等系统。这时你突然发现一个问题，这些系统要求的功能其实差不多，都是对图书、员工、票据或产品组成的集合的增加、删除、查询、排序等操作。如果把图书、产品等具体内容分离出来，而专门对数据集合和对数据集合的操作进行深入的研究，就可以得到一套系统的开发方法，甚至可以把这套方法写成库函数，以后开发类似系统时只需按图索骥即可。

将具体问题抽象化之后，你会发现，一些看上去并不相关的领域其实需要解决的问题本质上是完全相同的，如以下两个问题：

(1) 对于物流运输行业，并不是总是直接从出发地到目的地，中间通常会经过若干个城市。如何设计一个系统，只要将所有城市之间的运力和运输成本等信息输入，就可以计算出任意出发地到目的地的最优运输路线(许多大型物流、快递公司都有类似的系统，有些甚至精确计算到街道和十字路口)。

(2) 对于计算机网络，信息发送者和接收者通常都不是直接相连的，而是经过若干个路由器。如何设计一种方法，只要能获取所有路由器之间的传输时延和带宽限制，路由器就会自己选择最优路径，并向最优路径上的下一个路由器发送数据包(现在的互联网路由就是建立在这种方法上的)。

只要稍加思考，就会发现这两个问题的实质是一样的：已知一个由许多顶点连接而成的网状结构，并且已知这些顶点间的连接成本，要求设计一种方法，能让计算机替我们找出任意两顶点间成本最低的路径。

数据结构学习和研究的主要目的是：对一些常见的具体问题进行抽象，并加以学习研究，以便今后碰到类似问题可以举一反三。有些时候这门研究也被称为算法研究。"算法"应该听起来比"数据结构"稍微亲切一些，毕竟这个词在科技新闻和网络文章里经常出现。

　　1968 年，美国的高德纳(Donald E. Knuth)教授开创了数据结构和算法的最初体系，他的著作《计算机程序设计艺术》是第一部系统阐述数据结构和算法的著作。1971 年，沃斯(Niklaus Wirth)进一步提出了"算法+数据结构=程序"的结构化程序设计理念，他反对拿到问题就直接编写代码，而是分若干步进行，逐步求精。第一步先确定所需要的数据结构、写出算法的大致框架，第二步编写出的程序抽象度有所降低，直至最后编写出可执行的程序。随着计算机硬件和编程工具的快速发展以及软件需求者群体的改变，今天的软件开发模式已经发生了很大变化，面向对象、测试驱动开发、重构、设计模式和迭代式开发等新的软件工程方法开始取代结构化程序设计理念，但"算法+数据结构=程序"这一公式仍被称为计算机科学中的"$E = mc^2$"。在计算机发明以来的短短数十年间，计算机领域的无数科学家和工程师对各种数据结构和算法进行了非常深入及广泛的研究，研究成果应用于计算机科学和工程的各个领域，成为计算机程序设计的基石。经过数十年的研究和探索，传统意义上的数据结构体系已经完整地建立，各种相关研究也基本完成，各种数据结构和算法作为程序设计的基石，被许多语言吸收为它们基本类库、函数库或扩展工具包的一部分。

1.1　数　据　结　构

1.1.1　数据与数据结构的定义

　　数据(data)是计算机可以存储和处理的所有内容的统称。计算机中的各种文件，包括文字、图像、声音和视频等，都是数据；计算机内存和缓存中所有的内容，都是数据；甚至计算机的源代码和可执行代码，也属于数据。

　　数据元素(data element)是数据的基本单位。例如，学生信息表中的一个学生，图书管理系统中的一本图书，互联网上的一台路由器，在程序设计或数据结构分析中通常作为一条数据进行考虑，或者说是一个数据元素。但是一个学生又可以包括姓名、学号、专业等信息(表 1-1)，这些信息称为**数据项**。

表 1-1　学生信息表

姓名	学号	专业	班级
李明	1001	数学	2
王涛	1022	英语	4

续表

姓名	学号	专业	班级
韩雷	2011	化学	5
李梅梅	3036	计算机	1

数据结构(data structure) 是相互之间存在一种或多种特定关系的数据元素的集合。根据元素间关系的不同，可以大致将数据结构分为三大类：**线性结构、树形结构和图状结构**。如果用圆圈(又称**结点**)表示一个数据元素，用结点间的连接线表示两个数据元素之间的关系，那么可以将这三种结构画成类似图 1-1 所示的示意图。

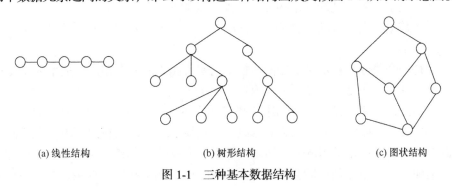

(a) 线性结构　　　　　　　(b) 树形结构　　　　　　　(c) 图状结构

图 1-1　三种基本数据结构

结合示意图，这里先简要说明三种基本数据结构的特点，本书后面还会分别进行详细介绍。

线性结构中，除了开始和末尾结点，每个结点只有唯一的**前驱**(左侧)结点和**后继**(右侧)结点。

树形结构中，除了开始结点(最上方的结点)，每个结点只有唯一的前驱(上层)结点；除了终端结点(没有下层结点的结点)，每个结点有一个或多个后继(下层)结点。整个结构像一棵反向的树，最上面是树根，最下面是树叶，中间是树枝，因此称为树形结构。

图状结构中，每个结点可以有多个前驱结点和多个后继结点。图状结构也是数据结构基本关系中最复杂的一种。

这里"前驱"和"后继"是为了分析问题的需要而临时定义的两结点间的关系，有些问题中数据元素存在前后关系，有些问题中数据元素不存在前后关系，读者不必过分纠结这一概念。

1.1.2　逻辑结构、物理结构和抽象数据类型

另外两个经常会用到的概念是**逻辑结构**和**物理结构**。

逻辑结构是使用自然语言去描述只存在于想象中的数据之间的关系，或者用更规范的方式来描述——为数据间的关系建立数学模型。

物理结构是数据在计算机中实际存储的情况，所以也称为**存储结构**。

逻辑结构用于说明"做什么"，而物理结构旨在说明"如何做"。它们的关系有点像两位计算机创始人图灵(Alan Turing)和埃克特(J. Presper Eckert)各自眼中的计算机。在图灵眼中，计算机只不过是一条无穷的纸带，它记录和保存状态，并根据输入内容和当前状态进行输出。在埃克特眼中，计算机是一个占地 $170m^2$，由数万个电子管、电阻器和电容器组成的耗电大户，每一次加法都需要一组电气元件齐心协力才能完成。

举个例子，可以把线性结构描述为如下数学形式：

对于数据元素构成的集合 $D = \{a_i \mid i = 1, 2, \cdots, n\}$，存在数据关系 $R=\{\langle a_{i-1}, a_i \rangle \mid a_{i-1}, a_i \in D\}$。

D 是一个集合，它定义了之前线性结构示意图中的所有结点。关系 R 也是一个集合，它定义了之前示意图中所有结点间的连接。

但是这一定义并没有为我们用代码实现这种数据结构提供太多有用的信息。如图 1-2 所示，如果用加以限定的数组来实现线性表，那么在内存中 a_i 确实刚好紧跟在 a_{i-1} 后面；如果用链表来实现，那么在内存中 a_i 可能在 a_{i-1} 后面，也可能在它前面，a_i 与 a_{i-1} 间可能会跳过很多内存空间。如果我们去推敲计算机中存储数据的细节，那么就属于分析存储结构了。

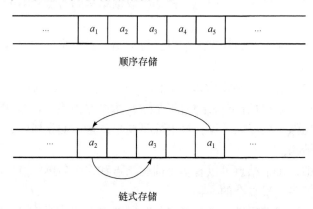

图 1-2　逻辑上的线性结构可以对应不同的物理结构

逻辑结构定义了数据集合与数据关系，但即使对于一个抽象的问题，仅仅定义集合和关系也是不够的，至少还需要定义对数据集合的基本操作。

举例来说，如果需要抽象学生管理系统、图书管理系统、产品管理系统的主要特征，那么除了定义一个并列、有序关系的集合，还应该定义包括对集合内的数据进行增加、删除、排序和检索等基本操作，之后就可以根据这些定义来逐一实现这些基本操作，最后把研究的结果用于各种具体的系统。只有这样，我们对抽象问题的研究才有意义。

定义一个数据集合、集合中各元素间的数据关系以及对数据集合的基本操作，称为定义一种**抽象数据类型(abstract data type)**。

数据结构的研究基本上围绕抽象数据类型展开：首先找到一类具有共同特征的问题，将这种问题定义为一种抽象数据类型，然后分析和实现这种抽象数据类型的各种基本操作，从而得到一种具有通用性的数据结构或算法。

从 C 语言实现的角度来看，可以认为抽象数据类型是定义了一个结构体和一系列以这个结构体类型的变量为参数的函数。从 C++或者 Java 等面向对象的程序设计语言实现的角度来看，抽象数据类型定义了一个类或模板类。

1.2 算法与算法分析

有了数据结构，还要有用数据结构具体解决问题的方法，也就是算法。算法和数据结构密不可分，离开算法，数据结构没有存在的价值。因此，在学习数据结构的过程中一般都会同时学习相关算法。

1.2.1 算法

算法(algorithm)是使用计算机求解特定问题步骤的一种描述，它是一系列解决问题的清晰指令。

算法并不限定描述语言，甚至可以用自然语言描述算法。但算法终究是要指挥计算机解决问题的，而计算机又不像人一样能主动对问题进行界定、补充、分析和尝试，为确保算法没有超出计算机的理解能力，最好是用一种程序设计语言来描述它。

因为算法的读者是人而不是计算机或编译器，所以算法描述不需要像源代码那么精确，只要作者和读者能理解彼此的意思即可，有时候算法会用不标准的语言来描述，忽略一些不太重要的细节和步骤，这些语言称为伪代码。

1.2.2 算法的性质和判断算法优劣的标准

一个算法应该具备以下五条性质：

(1) **有穷性**，即算法必须能在执行有限个步骤之后终止。

(2) **确定性**，即算法的每一步骤必须有确切的定义，读者理解时不会产生歧义。

(3) **可行性**，即算法的任何步骤都可以分解为有限次基本的可执行操作，不会超出程序设计语言语法可以实现操作的范围。

(4) **有输入**，一个算法有 0 个或多个输入。

(5) **有输出**，一个算法有 1 个或多个输出。

除了这些基本性质，算法还应该具备以下特点，这些特点有时不是必需的，而是用来判断一个算法优劣的标准。

(1) **正确性**。这条标准看上去非常可笑，难道还能允许错误的算法存在吗？对于绝大部分程序，理论上确实不应该出现任何错误，尤其是一些事关国计民生、人命关天的程序，如航天、军事、银行、电力和通信行业，程序一旦出现了错误(称为 bug)，可能导致难以弥补的重大损失。至于同学们做练习的程序出了错，那更是不要怪机器不给力，要认认真真分析问题。

然而，在统计科学和人工智能领域，少量错误不可避免，必须接受。举个例子，即使是最先进的人脸检测算法，也不能保证 100%的正确率，在复杂的光照、遮挡、阴影和混杂背景下，正确率甚至更低。自然语言理解、语音识别、目标跟踪、垃圾邮件过滤和信息检索等领域都存在类似的问题，科学家和工程师为减少1%的错误而欢欣鼓舞。对于这些算法，正确率是判断程序好坏最重要的性能指标。

(2) **可读性**。即使算法设计的目标是让机器去执行命令，算法本身仍然是作者和读者交流的重要工具，也可以让作者清晰记录下自己的设计思路以备将来查询和修改，因此良好的书写和描述方法有助于人对算法的理解。这一原则对于源代码同样适用，源代码不仅仅要作为给机器的指令，也是程序员之间相互交流的重要手段。如何书写可读性强的源代码，可以参考林锐博士等所著的《高质量程序设计指南——C++/C 语言》。

(3) **健壮性(robustness)**。健壮性是指当输入数据的取值不在合理范围内时，算法也能做适当处理，而不是崩溃或出现逻辑错误。例如，一个计算器程序，当输入的除数为 0 时，应该给出相应的出错信息，而不是毫无知觉地进行计算。又如，当只允许用户输入 16 个以下字母作为用户名时，用户输入了 16 个以上字母，应该提示错误并要求用户重新输入，而不是把这些字母直接交给下一步处理。用户输入了非法数据导致程序出错还好补救，更为糟糕的情况是黑客有意识地对算法健壮性薄弱的位置进行攻击。著名的缓冲区溢出攻击，就属于利用非法输入破坏程序并入侵系统的经典案例。

需要特别指出的是，本书提供的绝大部分算法不会考虑健壮性，因为考虑健壮性会使算法增加许多检测步骤，这些步骤的长度甚至会超过算法实现主要功能的步骤。为了突出重点、便于学习算法的核心内容，一般不把这些内容放到算法里面，而是假定用户输入是正确的。但这并不意味着健壮性不重要，恰恰相反，编程行业里有句名言，"永远不要相信用户输入"。

(4) **效率**。效率是指算法的执行时间，有时也指算法对存储空间的需求量。完成同一功能的三个算法分别能在 1 秒、1 小时或 1 年内执行完毕，或者分别需要 1MB 内存、1GB 内存和 1TB 内存，这当然是天壤之别。有时候算法的效率甚至决定了算法是否具有使用价值。假设在战争中需要设计一个破译密码的算法，你设计的算法虽然可以破译密码，但得到运算结果需要好几天时间，而敌人每天会更换一次加密手段，那这个算法又有什么意义呢？

1.2.3 算法分析

下面以一个简单的例子，说明对同一问题选择不同数据结构和算法，到底会对算法的效率产生多么明显的影响。

假定我们的任务是编写一个根据某电话号码查询该电话号码主人的信息的程序，那么可以采用怎样的算法呢？

如图 1-3 所示，最简单的方法是顺序查找。假定我们把所有信息存储为如下线性结构，那么给定一个电话号码，只要从第一条数据开始向下依次进行比较，就可以找到匹配数据，并读取号码主人的信息。

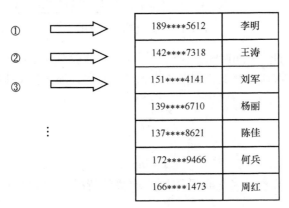

① ⟹	189****5612	李明
② ⟹	142****7318	王涛
③ ⟹	151****4141	刘军
	139****6710	杨丽
	137****8621	陈佳
⋮	172****9466	何兵
	166****1473	周红

图 1-3　顺序查找法示意图

虽然这个算法简单明了，易于实现，但是它的效率并不高。如果这个表中有 n 条数据，那么比较的次数应该在 1 次到 n 次之间。最好的情况是第一条数据就是我们要找的号码，最糟糕的情况是比较到最后一次才找到号码，因为我们可能会查找任意一个号码，所以平均查找一个电话号码需要约 $n/2$ 次比较。一个运营商可能存储了上百万、上千万甚至亿量级的电话号码信息，而每天类似的各种查询也会运行百万次以上，整个比较次数累计起来是十分惊人的，即使使用高性能服务器也会消耗大量的时间，所以应该寻找更为有效的查询方法。

　　一种非常有效的方法是二分查找法。如图 1-4 所示，首先对所有数据按从小到大的顺序排序，然后将待查号码与 $n/2$ 位置的电话号码进行比较，若待查号码等于该号码，则返回相应信息；若待查号码小于该号码，则意味着它只可能在$[1, n/2 - 1]$区间；若待查号码大于该号码，则意味着它只可能在$[n/2 + 1, n]$区间。这样一次比较就可以排除一半的数据，然后在剩余的一半数据中再次运用二分查找法即可。如图 1-4 所示，若要查询 166****1473 这个号码，共有 7 条数据，则最多只需 3 次就可以定位到它的主人。

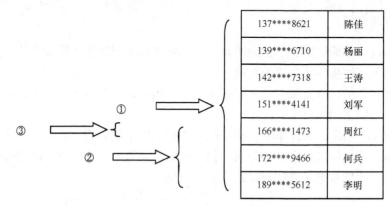

137****8621	陈佳
139****6710	杨丽
142****7318	王涛
151****4141	刘军
166****1473	周红
172****9466	何兵
189****5612	李明

图 1-4　二分查找法示意图

　　二分查找法的效率如何呢？在最坏情况下，假设对 n 条数据进行了 x 次的二分排除，一直排除到只剩 1 条数据才找到这个号码，那么整个排除过程就是

$$n\left(\frac{1}{2}\right)^x = 1$$

求 x，得到

$$x = \log_2 n$$

　　整个分析过程没有考虑奇数除以 2 取整的情况，这里只是计算一个大致的结果。

　　$n/2$ 和 $\log_2 n$ 到底差多少呢？假定这个运营商共有一百万个号码，即 $n=10^6$。因为 $2^{10}=1024 \approx 10^3$，所以 $\log_2 10^6 \approx 20$，即在一百万个电话号码中寻找任意一个最多只需 20 次查找。$n/2$ 和 $\log_2 n$ 在这里就是 500000 次和 20 次的差距。

　　需要说明的是，这里的 1 次比较是两个字符串的比较，而字符串的比较需要对字符串每个字符进行比较，因此实际需要进行的比较次数为之前分析次数的若干倍。如果采用树形结构存储数据，将会进一步提高效率。这里举例只是为了说明不同算法带来的效率差距，给大家一个比较直观的印象。

　　在衡量算法效率时，主要有两项指标，即算法执行时间和所需要的存储空间，也称为**时间复杂度**和**空间复杂度**。在计算复杂度时，根据需要，有时计算**平均复杂度**，有时计算**最坏情况复杂度**，或者二者皆要。

时间复杂度是指算法执行时间和处理数据规模的关系，或者说，是算法的所有语句执行的总次数和处理数据总条数之间的关系。

时间复杂度记为 $T(n) = O(f(n))$，其中 $f(n)$ 表示算法执行语句总次数 f 与处理数据总条数 n 的函数关系，O 表示 $T(n)$ 只考虑 $f(n)$ 关于 n 的最高阶。这种描述时间复杂度的方法也称为大 O 表示法。举例来说，如果 $f(n) = 3n^2+2n+5$，那么 $T(n) = O(n^2)$；如果 $f(n) = 6\log_2 n - 2$，那么 $T(n) = O(\log n)$；如果 $f(n) = c$，c 为常数，那么 $T(n) = O(1)$。

之所以使用这种函数关系而不是直接使用秒、分等计时单位，是因为不知道该算法会运行在怎样的计算机上。同样的算法运行在平板电脑、个人计算机和一台高性能服务器上所需要的时间是截然不同的，用计时单位来度量算法的效率毫无意义。而选择处理数据 n 的最高阶作为衡量算法时间复杂度的标准，则是因为不同最高阶时间复杂度的算法存在明显的优劣。如图 1-5 所示，当 n 的值不断增大时，$O(n^2)$ 时间复杂度的算法比 $O(n)$ 算法、$O(n)$ 算法比 $O(\log n)$ 算法"慢得多"。

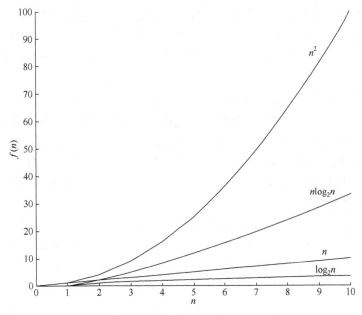

图 1-5　不同算法复杂度的差异

可以根据算法的基本思路粗略估算时间复杂度，也可以根据算法的详细描述来精确计算时间复杂度。以一个把数组 a 中的所有数据相乘的算法为例：

```
double prod = a[0];
```

```
for (int i = 1; i < n; i++) {
    prod *= a[i];
}
```

该算法语句执行的总次数包括第一句赋值语句执行 c_1 次(c_1 为常数),for 循环中的乘法语句执行 $c_2(n-1)$ 次(c_2 为常数),共计 $c_2n - c_2 + c_1$ 次,即 $f(n) = c_2n - c_2 + c_1$。

时间复杂度只考虑 $f(n)$ 的最高阶,所以该算法的时间复杂度为 $O(n)$。

这里用常数 c_1 和 c_2 而不是 1 的原因是,高级语言的一次操作对应低级语言的若干次操作,例如,for 循环中的一次执行,除了循环体的语句,实际还包含判断截止条件 $i < n$ 和累加操作 $i++$,究竟应该算作 1 次操作还是 3 次操作有时存在不同的理解,因此计算过程中最标准的做法是用 c_1 和 c_2 表示,并且最终的结果 $O(\cdot)$ 会去掉常数。

1.3　全国青少年信息学奥林匹克联赛简介

全国青少年信息学奥林匹克联赛(National Olympiad in Informatics in Provinces, NOIP)自 1995 年创办,每年由中国计算机学会统一组织。NOIP 在同一时间、不同地点以各省市为单位由特派员组织。全国统一大纲、统一试卷,初、高中或其他中等专业学校的学生可报名参加联赛。联赛分普及组和提高组两个组别,难度不同,分别面向初中阶段和高中阶段的学生。每组又分初试和复试两个阶段,参加初试者须达到一定分数后才有资格参加复试。

初试全部为笔试,由四部分组成,即选择题、问题求解题、程序阅读理解题及程序完善题,主要考试内容包括计算机基本组成与原理、计算机基本操作、信息科技与人类社会发展的关系、程序设计语言及数据结构与算法等。

复试全部为上机编程题,考查考生对编程语言的使用能力、数据结构掌握水平及算法应用能力等,可使用 C、C++、Pascal 语言,2022 年后将不可使用 Pascal、C 语言,只能使用 C++语言。

复试的编程题目采用在线判定系统自动打分。判定系统的工作原理是:预先为每道题设计好若干测试案例,包括输入和正确输出;判断参赛者的程序得到的输出是否与正确输出一致,一致则为该案例得分,否则不得分;每个案例分配一定的分数,最后所有案例的得分相加为本题得分。

值得注意的是,并非只要程序运行结果正确即可得分,有些案例设计的运算量很大,如果采用的数据结构或算法不合适,不能在规定时间内运行完毕输出结果也不能得分,这就对参赛者提出了更高的要求。

教育技术学专业学生的就业岗位以中小学信息技术教师为主,中学信息技术教师的职责之一是指导学生参加 NOIP 等编程竞赛。NOIP 的主要考查内容之一就是数据结构，并且数据结构的学习过程也是强化编程语言的使用能力和算法应用能力的过程。为此，本书以数据结构的基本内容为主线，将竞赛编程习题作为例题和练习融入各章节，并有针对性地增加了一些算法和编程技巧的介绍，以及 C++ STL 的使用方法，让读者有的放矢、学以致用，更好地完成未来指导中学生参加编程竞赛的任务。

想了解更多关于 NOIP 的信息，可以访问官网 https://www.noi.cn/。

1.4　C++ STL 简介

C++ STL 是 C++ Standard Template Library 的简称，中文称为 C++标准模板库。它是由 Alexander Stepanov、Meng Lee 和 David R. Musser 在惠普实验室工作时开发出来的。

在实际的开发过程中，数据结构本身的重要性不会逊于操作于数据结构的算法的重要性，尤其是当程序对算法效率要求很高时，数据结构的选择就显得更加重要。经典的数据结构经过多年发展已经基本固定，但是开发人员常常要为实现这些数据结构而重复编写代码，这些代码都十分相似，只是为了适应不同具体应用数据而在细节上有所出入。STL 容器就为我们提供了这样的方便，它允许我们重复利用已实现好的代码来构造自己所需的特定类型的数据结构，通过设置一些模板类，STL 容器对最常用的数据结构提供了支持，这些模板的参数允许我们指定容器中元素的数据类型，可以简化许多重复而乏味的工作。STL 容器与数据结构的关系如表 1-2 所示。

表 1-2　STL 容器与数据结构的关系

STL 容器	数据结构
vector	顺序表
list	链表
stack	栈
queue	队列
string	字符串
set, map	红黑树
unordered_map	哈希表

从根本上说，STL 是一些数据结构的集合，这些数据结构也称为"容器"或"容器类"，包括 vector、list、stack、queue、string、set 和 map 等。STL 的目的是标准化组件，这样就不用重新开发，可以使用现成的组件。开发者使用 C++开发应用程序时，如果需要用到各种数据结构，应优先考虑使用 STL，避免自行开发引入错误和浪费时间。同时，NOIP 也允许参赛者使用 STL。因此，本书在介绍各类数据结构时，也会将对应或相关的 STL 容器使用方法加以介绍，学生在编程时可以根据需要选择和使用这些容器，提高编程效率。

习　题

简答题

1. 什么是抽象数据类型？

2. 算法有哪些基本性质？

3. 什么是算法的时间复杂度？

计算题

4. 一个算法所需的运算次数与数据的关系为$(n^3+3n^2\log_2 n+2n)/n^2$，则其时间复杂度是多少？

第 2 章 线 性 表

本章介绍最简单的数据结构：线性结构。线性结构有两种存储方法，分别是顺序表和链表。顺序表的数据结构和算法不难理解，因此在学习顺序表的过程中，可以把更多的注意力放在观察我们是如何用数据结构的方式来组织程序的。

2.1 顺 序 表

2.1.1 顺序表的基本概念

顺序表是分配一组连续的存储单元，并且从所分配空间的起始位置开始，连续存储数据的线性表。顺序表可以对数据进行定位、插入、删除和合并操作。如果顺序表插入的内容超出了已分配空间限制，那么它能够自动向操作系统申请并扩展自己的存储空间。

实际上顺序表还应该可以进行排序和查找操作，但这两种操作非常值得详细研究，因此专门安排了两章内容讲解排序和查找，这里暂时不讨论这两种操作。

图 2-1 是一张数据元素类型为整数的顺序表，该顺序表分配的存储单元为 8 个，其中前 5 个单元存储了数据，后 3 个单元尚未使用。

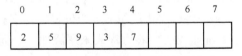

图 2-1　数据元素类型为整数的顺序表

注意，在该顺序表中，所有分配的地址空间都是连续的，使用地址空间时必须从第 0 位开始向后使用。

顺序表最大的优点是可以实现对任意第 i 个元素的快速访问，假定第 0 个元素的内存地址为 loc_0，每个元素占用 m 个字节的内存空间，那么第 i 个元素的内存地址为

$$loc_i = loc_0 + mi$$

这也就意味着，在 C 语言中，如果 loc_0 的地址用变量 a 表示，那么 loc_i 对应的变量就保存在 $a[i]$ 中。看起来顺序表与 C 语言的数组变量非常类似。

实际上，数据结构的顺序表与 C 语言的数组还是存在一定的区别的，主要表

现在以下几点：

(1) 顺序表要求从初始位置开始连续存放数据，数组没有这种要求。

(2) 顺序表中包含了分配的最大存储单元和实际存储单元数，并且最大存储单元是可以根据用户实际需要自动扩展的。数组变量(或者说数组的首地址)不包含最大存储单元和实际存储单元数，也不能动态扩展。

(3) 数组没有定义增加、删除及合并等操作。

以上三点区别可以这样理解：顺序表是一种组织数据的结构，数组是一种编程语言提供的语法。在 C 语言和 C++语言中，顺序表可以用数组这种语法来实现，而其他语言如果没有数组这种语法(如 Python)，可以用其他语法实现顺序表。

2.1.2　顺序表的实现

实际上我们在学习 C 语言或者 C++语言时已经用到了顺序表这种结构，如保存一些学生信息、保存一些图书信息等，但是因为没有明确提出顺序表的概念，因此我们是使用数组来实现的。现在开始，我们创建一个顺序表类 MyVector 来描述这种线性关系。

一个顺序表至少需要包含三项成员：数据(数据块的首地址)、数据的实际数量(数据元素个数)、顺序表的最大容量(最大可容纳的数据元素个数)。这里分别用 _elems、_size、_capacity 表示。

顺序表的基本操作包括：

(1) MyVector(int c)。初始化顺序表，最大容量为 c。

(2) void insert(int pos, const T& e)。将一个新元素 e 插入顺序表的第 pos 个位置。pos 从 0 开始编号，后面如无特别说明，索引和位置都从 0 开始编号。

(3) void erase(int pos)。将顺序表的第 pos 个位置的元素删除。

(4) void push_back(const T& e)。在顺序表末尾添加一个元素 e，这属于插入元素的一种特殊情况。

(5) void pop_back()。从顺序表末尾删除一个元素，这属于删除元素的一种特殊情况。

(6) T& operator[](int i)。获取顺序表的第 i 个元素，重载运算符[i]。

(7) 其他支持性的操作，如获取顺序表当前实际存放元素个数的操作 size()、当前最大容量的操作 capacity()、释放顺序表占用内存的操作 MyVector()。

顺序表的声明如下：

```
#define MAX_CAPACITY 100
template <typename T>
class MyVector {
private:
    int _size;
```

```
        int _capacity;
        T* _elems;
public:
        MyVector(int c=MAX_CAPACITY);
        void insert(int pos, const T& e);
        void erase(int pos);
        void push_back(const T& e);
        void pop_back();
        T& operator[](int i);
        int size();
        int capacity();
        ~MyVector();
};
```

按照这个定义方式，可以逐一实现顺序表的基本操作。

1) 初始化顺序表

初始化顺序表应该完成三项任务：为顺序表分配一块初始内存空间用于保存未来一段时间加入顺序表的数据、设置当前保存的元素个数为 0 个、设置当前分配空间可以存放的最大元素个数。由于不知道未来顺序表到底会加入多少个元素，只能给予一个初始值，若未来数据量较大，初始空间不够用，则再增加分配更多内存。代码如下：

```
template <typename T>
MyVector<T>::MyVector(int c) {
    _elems = new T[c];
    _capacity = c;
    _size = 0;
}
```

2) 向顺序表中插入一项元素

根据顺序表的定义，顺序表的数据是从低位到高位连续存储的，在进行插入操作时，不能破坏这一性质。这给我们带了一点小问题，必须先把从插入位置到顺序表末尾的所有元素都向后移动一个位置，然后才能把新元素放进去。如图 2-2 所示，进行移动时，应该先把最后一个元素向后移动一格，再移动之前的元素，直到移动插入位置的元素。如果反过来，先向后移动插入位置的元素，那么该元素会覆盖之后的所有元素。代码如下：

```
template <typename T>
void MyVector<T>::insert(int pos, const T& e) {
    for (int i = _size - 1; i >= pos; i--) {
        _elems[i + 1] = _elems[i];
    }
    _elems[pos] = e;
    _size++;
}
```

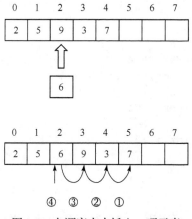

图 2-2   向顺序表中插入一项元素

> 注意，不要漏掉_size++的操作，因为程序的其他部分可能需要获取顺序表当前保存的元素个数信息，如果不修改_size 会造成数据不一致。

这里需要考虑一种情况，当需要插入的数据较多时，可能会超出顺序表初始分配的空间上限，此时需要增加顺序表的最大可容纳空间。由于每次顺序表插入一项元素，因此判断是否超出上限的条件也比较简单，当顺序表的当前实际元素个数_size 与最大可容纳元素个数_capacity 相等时，需要增加分配内存。新分配内存的数量可以自行决定，这里增加后的总空间数是增加前的 2 倍。注意在多次执行插入操作的过程中，顺序表初始分配的内存之后的邻接内存可能已经被程序的其他需要分配空间的操作占用了，因此这次分配的空间要重新分配 2 倍_capacity 的新空间，然后把原来空间的数据复制过来，最后释放原始空间。代码如下：

```
template <typename T>
void MyVector<T>::insert(int pos, const T& e) {
    if (_size == _capacity) {
        //增加分配空间
        int new_capacity = _capacity * 2;
        T* new_elems = new T[new_capacity];
        memcpy(new_elems, _elems, sizeof(T) * _capacity);
        delete[] _elems;
        _capacity = new_capacity;
        _elems = new_elems;
    }
    for (int i = _size - 1; i >= pos; i--) {
        _elems[i + 1] = _elems[i];
    }
    _elems[pos] = e;
```

```
    _size++;
}
```

3) 从顺序表中删除一项元素

如图 2-3 所示，删除的过程与插入的过程刚好相反，应该先把 pos 位置之后的那个元素向前移动一位，然后是下一个元素，直至把顺序表的最后一个元素向前移动一位。代码如下：

```
template <typename T>
void MyVector<T>::erase(int pos) {
    for (int i = pos; i < _size - 1; i++) {
        _elems[i] = _elems[i + 1];
    }
    _size--;
}
```

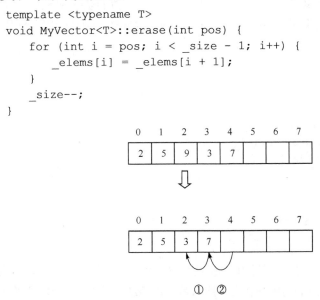

图 2-3　从顺序表中删除一项元素

4) 在顺序表末尾添加一个元素

在顺序表末尾添加一个元素属于插入数据的一种特殊情况，不过在添加数据时常用到，这里单独做成一个函数，直接调用 insert 函数即可。代码如下：

```
template <typename T>
void MyVector<T>::push_back(const T & e) {
    insert(_size, e);
}
```

5) 从顺序表末尾删除一个元素

与上一个函数类似，这里调用 erase 函数即可。代码如下：

```
template <typename T>
void MyVector<T>::pop_back() {
    erase(_size - 1);
}
```

6) 访问顺序表第 i 个元素

这里重载操作符[]，这样调用顺序表的用户可以像访问数组那样访问它。代

码如下:

```
template <typename T>
T& MyVector<T>::operator[](int i) {
    return _elems[i];
}
```

7) 其他支持性的操作

其他支持性的操作有获取顺序表当前实际存放元素个数的函数 size()、当前最大容量的函数 capacity()、释放顺序表占用内存的函数~MyVector()。代码分别如下:

```
template <typename T>
int MyVector<T>::size() {
    return _size;
}

template <typename T>
int MyVector<T>::capacity() {
    return _capacity;
}

template <typename T>
MyVector<T>::~MyVector() {
    delete[] _elems;
}
```

可以简单测试一下我们实现的顺序表功能。执行三项操作,首先向顺序表中存入三个数 1、2、3,然后在第一个位置插入数 10,最后删除第二个位置的数。在每项操作结束后,输出结果检查函数实现是否正确。代码如下:

```
int main() {
    MyVector<int> v;
    v.push_back(1);
    v.push_back(2);
    v.push_back(3);
    for (int i = 0; i < v.size(); i++) {
        cout << v[i] << " ";
    }
    cout << endl;
    v.insert(1, 10);
    for (int i = 0; i < v.size(); i++) {
        cout << v[i] << " ";
    }
    cout << endl;
    v.erase(2);
    for (int i = 0; i < v.size(); i++) {
        cout << v[i] << " ";
    }
}
```

```
    cout << endl;
    return 0;
}
```

2.1.3　顺序表操作的时间复杂度

当完成了一种数据结构或算法后，通常需要进行简要的算法分析，因为效率决定了该数据结构或算法的特点及适用情况。尽管顺序表操作比较简单，但是作为我们学习的第一种数据结构，这里还是给出其标准的时间复杂度分析推导过程，以后类似这种简单的数据结构或算法，一般都只做简要分析，不再进行公式推导，只有那些难以直观看出复杂度的问题才会给出详细的计算过程。

1) 获取顺序表某个元素操作 get

因为可以通过数组(内存空间首地址)的第 pos 项直接定位得到，所以该操作的时间复杂度是 $O(1)$。

2) 顺序表插入操作 insert

假定当前顺序表中已存放了 n 个元素(从 0 到 $n-1$ 位置)，插入操作可能发生在从 0 到 n 的每个位置。如果发生在第 i 个位置，那么共需要进行 $c_1(n-i)$ 次移动和 c_2 次插入操作，其中 c_1、c_2 为常数。因为插入每个位置的操作可能发生的概率相等，所以插入操作平均时间复杂度为

$$O\left(\frac{1}{n+1}\sum_{i=0}^{n}\left[c_1\left(n-i\right)+c_2\right]\right)=O\left(\frac{c_1 n}{2}+c_2\right)=O(n)$$

3) 顺序表删除操作 remove

分析方法与插入操作类似，其时间复杂度也为 $O(n)$。

2.2　C++ STL 中顺序表的用法

C++ STL 中提供了顺序表这种数据结构，它的名称是 vector，主要操作有 insert、erase、push_back、pop_back 和[]等，与我们实现的 MyVector 类非常相似。为了方便用户使用，vector 实现了比 MyVector 更多的函数，限于篇幅，这里不对其所有功能和实现加以详细说明，只重点介绍其中的一些常用函数及功能。

1) vector 的头文件、定义与初始化

使用 STL 的 vector 时，需要先引用实现 vector 的头文件：

```
#include <vector>
```
顺序表的定义如下：
```
vector<int> v;
```
顺序表可以在定义时初始化：
```
vector<int> v = {1, 2, 3};
```

注意，该语法是 C++11 的语法，也就是 2011 年 C++标准委员会对 C++语言语法和特性修订和补充了之后的新版本，该版本只是一种标准规范，编译器软件可以支持也可以不支持该标准规范。产于 2011 年以前的编译器软件一般不能支持这些功能，对于某些 2011 年以后的编译器，必须设置其选项为"支持 C++ 11 语法"才能正确编译。若编译器不支持 C++ 11，则需要使用 push_back 方法逐项添加内容实现 vector 的初始化。

2) vector 的基本操作

以下是一些 vector 的常用函数，由于与 MyVector 非常类似，这里不做详细介绍，读者可以自行尝试并验证这些函数。

```
v.push_back()          //在 vector 的末尾添加一个数据
v.pop_back()           //从 vector 删除最后一个数据
v.front()              //返回第一个元素
v.clear()              //删除 vector 中所有数据
v.empty()              //判断 vector 是否为空
v.size()               //vector 中实际数据的个数
v.capacity()           //vector 的最大空间
v.insert()             //插入数据
v.erase()              //删除数据
```

3) 迭代器

可以利用 v.size()和 v[i]控制遍历 vector 中的数据：

```
for (int i = 0; i < v.size(); i++) {
    cout << v[i] << endl;
}
```

也可以使用以下方式遍历 vector 中的数据：

```
for (vector<int>::iterator it = v.begin(); it != v.end(); it++) {
    cout << *it << endl;
}
```

这种方式中的 it 变量是 vector<int>::iterator 类型的，中文 iterator 翻译为迭代器。迭代器从 v.begin()位置开始，到 v.end()位置终止，支持加减操作。注意 v.begin()指的是 v 的第 0 项，而 v.end()指的是 v 的最后一项数据之后的一个虚拟位置，相当于第 v.size()个位置。

与我们自己实现的 MyVector 不同，vector 插入和删除数据的函数中，位置变量 pos 必须是迭代器类型。

若想在 v 的第二项之后插入一个数据，则应该写为

```
v.insert(v.begin() + 2, 10);
```

若想删除 v 的倒数两项数据，则应该写为

```
v.erase(v.end() - 2);
```

erase 也支持批量删除，如删除 v 的第 1～5 项：

```
v.erase(v.begin() + 1, v.begin() + 6);
```

2.3 信息学竞赛中顺序表的应用

顺序表是非常常见的数据结构，它由数组实现，是数组的强化版、易用版。不过反过来看，它也可以由数组来替代，只是写起来稍微麻烦一些。因此，在编程中不会强调必须使用顺序表，读者可以根据实际需要，在编程时选择使用顺序表或普通数组。

例 2-1 合并两个有序顺序表。

已知两个顺序表 v1 和 v2，每个顺序表中的数据都已经按照从小到大的顺序排列好，现在需要将两个顺序表合并成顺序表 v3，且 v3 中的数据也是按从小到大的顺序排列。这里有一个额外要求：假定 v1 和 v2 的数据元素个数之和为 n，该合并算法的时间复杂度不能超过 $O(n)$。

这个要求的意思是：不能先将两个顺序表直接合并在一起，然后重新排序。以冒泡排序为例，若有 n 条数据，则需要进行 $n-1$ 轮冒泡，每轮冒泡又需要进行 $1 \sim n-1$ 次比较，因此排序的时间复杂度是 $O(n^2)$。关于排序算法的时间复杂度，会在第 8 章详细介绍，目前可以确定一点，如果采用先合并再排序的方法，是不可能达到 $O(n)$ 时间复杂度的。之所以这种方法效率不高，是因为它完全没有用到表 v1 和表 v2 已经排好序的这个条件，如果能充分利用这一条件，那么就可以设计出高效的合并排序方法。

设置两个指示变量 i、j，分别存储 v1 和 v2 的当前比较元素位置，开始时 i、j 均为 0。首先比较两个顺序表的第零个元素的大小，因为两顺序表都是已排序的，所以其中更小的那个元素就是两顺序表中最小的元素，将其存放为 v3 的第零个元素。再进行下一轮比较前，可以排除掉这个元素，让对应指示位置的变量(i 或 j)增加 1，继续比较两顺序表当前指示位置元素的大小，其中更小的那个是当前所有元素中最小的，将其存入 v3，对应指示变量增加 1。反复进行这种比较，直到 v1 或者 v2 中的元素全部存入 v3 中。此时两表有一表数据全部取完，另一表还有一些数据元素，无法也无须再进行比较操作，而是应将还剩余元素的那张表的数据全部依次存入 v3。图 2-4 是一个示例，其中 v1 的元素为 1、5、11、12，v2 的元素为 2、7、13、20。

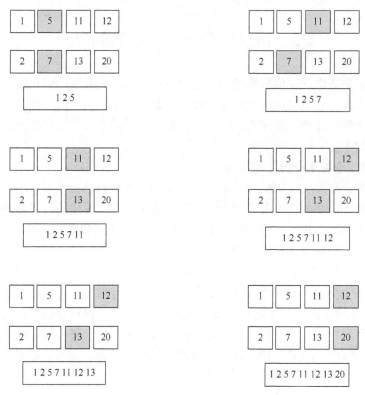

图 2-4　合并两个已经排好序的顺序表

以上思路可以写成如下代码：

```cpp
vector<int> merge(vector<int> v1, vector<int> v2) {
    vector<int> v3;
    int i, j;
    for (i = 0, j = 0; i < v1.size() && j < v2.size();) {
        if (v1[i] < v2[j]) {
            v3.push_back(v1[i]);
            i++;
        } else {
            v3.push_back(v2[j]);
            j++;
        }
    }
    while (i < v1.size()) {
        v3.push_back(v1[i]);
        i++;
    }
    while (j < v2.size()) {
        v3.push_back(v2[j]);
```

```
        j++;
    }
    return v3;
}
```

可以在 main 函数中测试我们的函数实现得是否正确：

```
vector<int> v1 = {1, 5, 11, 12};
vector<int> v2 = {2, 7, 13, 20};
vector<int> v3 = merge(v1, v2);
for (vector<int>::iterator it = v3.begin(); it != v3.end(); it++){
    cout << *it << endl;
}
```

可以看出，整个算法运行过程中，在循环的每一次执行中 v1 和 v2 的指示器 i 和 j 有且仅有一个增加 1，即扫描 v1 和 v2 一遍，即可获得排好序的 v3，因此该算法的时间复杂度是 $O(n)$。也可以根据算法用严格的方式计算它的时间复杂度，结果是一样的，读者可以自己进行证明。

排序顺序表合并这个算法虽然并不复杂，用途却十分广泛，下面举两个例子说明。

(1) 现在大数据技术十分流行。大数据，就是指海量的数据资料，通常需要成百上千甚至更多的计算机协同完成对这些数据的处理。假设需要对太字节(TB)级的数据进行排序，显然远远超出了一台计算机内存的极限，我们可以安排每台计算机排序一部分数据，然后对这些排序的部分数据进行合并，获取最终整体排序的结果。又或者把部分排序的结果保存在硬盘上，然后执行合并操作。

(2) 搜索引擎中经常需要查询包含多个查询词的资料，如查询"唐朝"和"诗人"。如何快速根据这些词找到同时包含这些词的网页？首先，搜索引擎已经预先用"爬虫程序"在互联网上获取了大量的网页资料并进行分词和其他分析，且构造了基于词的"倒排索引表"，如图 2-5 所示，其中 1、2、5、8 等数字表示含有该词的网页的编号。然后利用类似于顺序表合并的算法，可以在较快时间内找出同时包含"唐朝"和"诗人"的网页。

图 2-5　倒排索引表

例 2-2　一元多项式加法。

读取两个一元多项式，输出两个多项式的和。例如，多项式 $3x^6+2x^3+5x+1$ 加上 $4x^5+3x^3+7x^2+6x+8$ 的和为 $3x^6+4x^5+5x^3+7x^2+11x+9$。其中系数和指数均为整数。

为了简化输入，要求输入形式如下：

第一行输入第一个多项式的项数，然后剩余每一行输入两个数，用空格隔开，第一个数表示多项式一项的系数，第二个数表示多项式一项的指数。第一个多项式输完后，按照相同方法输入第二个多项式。上面的多项式按照这种方式输入就是：

```
4
3 6
2 3
5 1
1 0
5
4 5
3 3
7 2
6 1
8 0
```

要求以多项式输出，指数直接写在 x 后面，以上两个多项式的和输出为：

`3x6+4x5+5x3+7x2+11x1+9`

另外，多项式的输入总是按照指数从高到低的顺序输入的。

很容易发现这个问题与顺序表合并问题非常类似，只不过顺序表合并是数据从小到大，多项式求和是指数从大到小；顺序表合并时，如果有相同的数分开排列，那么多项式求和就是相同的指数项系数相加。

首先把多项式的一项定义为一个结构体类型，其中保存了该项的系数和指数：

```
struct Term {
    int coef;    //系数
    int exp;     //指数
};
```

接下来定义一个函数，它接收输入的多项式，将其转换成 vector<Term>类型的变量：

```
vector<Term> input() {
    vector<Term> v;
    int n, coef, exp;
    cin >> n;
    for (int i = 0; i < n; i++) {
        Term t;
        cin >> t.coef >> t.exp;
        v.push_back(t);
    }
    return v;
}
```

多项式相加的程序与有序顺序表合并类似，只是由于排序顺序的不同，比较 v1[i]和 v2[j]的大于、小于号刚好相反。输出结果时注意最后一项后面不要输出 "+"，同时 x 的 0 次幂不要输出。

```cpp
void add(vector<Term> v1, vector<Term> v2) {
    //多项式相加
    vector<Term> v3;
    int i, j;
    for (i = 0, j = 0; i < v1.size() && j < v2.size(); ) {
        if (v1[i].exp > v2[j].exp) {
            v3.push_back(v1[i]);
            i++;
        } else if (v1[i].exp < v2[j].exp) {
            v3.push_back(v2[j]);
            j++;
        } else {
            Term t;
            t.coef = v1[i].coef + v2[j].coef;
            t.exp = v2[i].exp;
            v3.push_back(t);
            i++;
            j++;
        }
    }
    while (i < v1.size()) {
        v3.push_back(v1[i]);
        i++;
    }
    while (j < v2.size()) {
        v3.push_back(v2[j]);
        j++;
    }
    //输出结果
    for(vector<Term>::iterator it = v3.begin(); it != v3.end(); it++){
        cout << (*it).coef;
        if ((*it).exp != 0) {
            cout << 'x' << (*it).exp;
        }
        if (it != v3.end() - 1) {
            cout << '+';
        }
    }
    cout << endl;
}
```

最后在 main 函数中调用以上函数即可：

```
vector<Term> v1, v2;
v1 = input();
v2 = input();
add(v1, v2);
```

2.4　单　链　表

我们已经学习了顺序表的定义与实现，顺序表的优点是获取表中指定位置的元素非常方便，缺点是进行插入和删除操作需要移动大量元素，效率较低。本节学习另一种线性表——**链表**，它的特点与顺序表刚好相反，获取特定位置元素效率较低，但是插入和删除操作很快。链表最基本和最常见的形式是单链表，通常使用"链表"这个词的时候，如果不加其他修饰一般指单链表。

2.4.1　链表的基本概念

链表是物理存储空间中的数据元素非连续、非顺序的线性表，数据元素的逻辑顺序通过链表中的指针链接次序实现。

如图 2-6 所示的一段内存中，链表只占据了其中一部分空间，其他空间可以由其他应用程序使用。链表在内存中无须按顺序存储，而是通过指针链接产生关联，只要知道链表第一个元素的位置，就能够根据指向下一个数据元素的链找到第二个元素，依次类推可以获得链表的所有元素。因此，类似于可以用一段内存空间的首地址表示数组，也可以用链表的第一个元素表示链表。

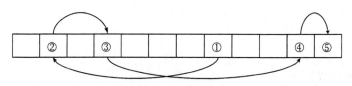

图 2-6　链表的物理存储空间示例

由于链表的物理空间位置对链表没有影响，因此只画出链表的逻辑示意图即可，如图 2-7 所示。图中每个数据元素称为链表的一个**结点**，每个结点包括两部分内容：需要存放的数据(data)和指向链表下一个结点的指针(next)，如图 2-8 所示。data 的类型为实际需要保存的数据类型，如 int、char 或结构体/自定义类等；next 的类型为结点指针类型。

图 2-7　链表的逻辑示意图

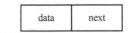

图 2-8　链表一个结点的结构

可以这样定义链表中的结点类型：

```
template <typename T>
struct Node {
    T data;
    struct Node *next;
};
```

这里 next 是一个 Node* 类型的变量，也就是说 next 是一个指针(或地址，意义相同)。

对指针还不太熟练的读者，这里特别说明一下，以上代码只是定义了结点的类型，没有设置结点的具体内容，如保存的数据是什么、指向的下一个结点是什么等，这些需要在后续的代码中由读者自己编写。

举个简单的例子，以下这段代码创建了两个结点，这两个结点所在的地址分别为 a 和 b，或者说两个 Node *类型的变量 a 和 b，分别指向新创建的两个结点。两个结点的数据分别是 10 和 20，a 指向的结点的下一个结点被设置为 b 指向的结点(由于这种表述方法比较麻烦，所以通常我们都会简单地说成：**a 的下一个结点是 b**。但是，读者应该对这种表述有非常清晰的认识：**a 和 b 并不是结点，而是指向结点的指针**，实际的结点并没有单独以变量的形式出现，因为有 a、b 就足以获取它们的信息了)。

```
Node<int>* a = new Node<int>();
a->data = 10;
Node<int>* b = new Node<int>();
b->data = 20;
a->next = b;
```

实际应用时,链表的结点类型中的 data 也可以根据需要直接定义为具体类型,例如：

```
struct Node {
    int data;
    struct Node *next;
};
Node* a = new Node();
a->data = 10;
```

可以用指向链表第一个结点的指针变量表示一个链表，例如：

```
Node<int>* head;
```

这个指针指向的结点通常称为**头结点**，指向链表头结点的指针称为**头指针**。通常会为每个链表增加一个不存放实际元素的空的头结点，这么做纯粹是为了实现某些链表操作方便，如果让 head 直接指向存放数据的结点也没问题，不过本书都按照头结点不放数据来处理。

另外，为了表示链表结束，链表最后一个结点指向 NULL 值，本书图示中用
^表示(图 2-9)。

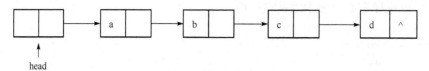

head

图 2-9　带头结点的链表

可以像顺序表那样，用一个类来封装链表类型，也可以不创建类，直接使用
head 表示链表。这里选择进行封装，但不封装直接使用的具体类型，因为用头结
点表示链表也是非常常见的。

2.4.2　链表的实现

链表的基本操作包括：

(1) MyList()。初始化链表 MyList()。

(2) void insertAfter(Node<T>* p, const T& e)。向链表结点 p 后面插入一个新
的数据元素 e。

(3) void eraseAfter(Node<T>* p)。删除链表结点 p 后面的一个结点。

(4) void push_back(const T& e)。从链表末尾添加一个元素，这属于插入元素
的一种特殊情况。

(5) ostream& operator<<(ostream &output, const MyList<T> &list)。输出链表中
所有元素，重载运算符<<。

(6) T& operator[](int i)。访问链表第 i 个元素的操作，重载运算符[i]。

(7) 其他支持性的操作，如释放链表占用内存的操作～MyList()。

链表的声明如下：

```
template <typename T>
class MyList {
private:
    Node<T>* _head;
    Node<T>* _tail;
public:
    MyList();
    ～MyList();
    void insertAfter(Node<T>* p, const T& e);
    void eraseAfter(Node<T>* p);
    void push_back(const T& e);
    friend ostream& operator<<(ostream &output, const MyList<T>
```

```
&list){
        for (Node<T> *p = list._head->next; p != NULL; p = p->next) {
            cout << p->data << " ";
        }
        return output;
    }
    T& operator[](int i);
};
```

从声明中可以看到，为了支持从链表末尾添加元素的操作，需要一个保存当前链表末尾位置指针的变量_tail。另外，输出链表中所有元素的操作需要用到MyList 的私有变量_head，因此重载 operator<<应为友元函数。

(1) 初始化链表 MyList()。创建一个空的头结点，同时将尾结点也指向相同位置。代码如下：

```
template <typename T>
MyList<T>::MyList() {
    _head = _tail = new Node<T>();
}
```

(2) 插入新元素 void insertAfter(Node<T>* p, const T& e)。该操作向某个结点p 后面插入一个新的数据元素 e。

如图 2-10 所示，需要构造一个新结点，其指针为 p，结点的数据为新的数据元素 e。然后将 q 指向的结点插入 p 指向的结点后面。这个过程只需要两步，首先把 q->next 设置为 p->next，然后把 p->next 设置为 q。整个过程无须处理 p 之前的结点及 p->next 之后的结点。

> 注意，这两个步骤不能反过来。如果先执行 p->next = q，后执行 q->next=p->next，那么第二句就相当于 q->next=q，即 q 指向它自己，并且丢掉之前 p->next 以后的所有链表数据。

另外，如果 p 为链表原来的尾部，那么新插入的结点会成为链表新的尾部。

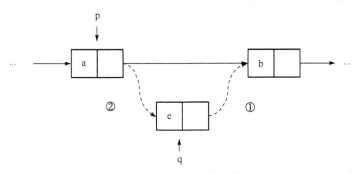

图 2-10 向链表中插入结点

代码如下：

```
template <typename T>
void MyList<T>::insertAfter(Node<T>* p, const T & e) {
    Node<T> *q = new Node<T>();
    q->data = e;
    q->next = p->next;
    p->next = q;
    if (p == _tail) {
        _tail = _tail->next;
    }
}
```

(3) 删除数据元素 void eraseAfter(Node<T>* p)。删除链表中结点 p 后面的结点。

如图 2-11 所示，与链表插入结点类似，这里只需要将 p->next 设置为 p->next->next 即可。但如果这样处理，以后 p 后面的那个结点(图中的 q)就丢掉了。这是因为如果从链表头结点开始访问，不会再访问到它，但是 q 指向结点所占据的内存却没有释放，这种情况称为"内存泄漏"。如果一台机器长期运行这种有"内存泄漏"的程序，最终可能耗尽系统内存。因此，需要释放不需要的结点。

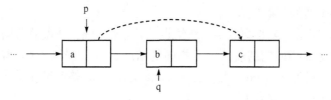

图 2-11　从链表中删除一个结点

另外，如果 p 为链表原来的倒数第二个结点，那么需要将 p 修改为链表新的尾部。代码如下：

```
template <typename T>
void MyList<T>::eraseAfter(Node<T>* p) {
    if (p->next == _tail) {
        _tail = p;
    }
    Node<T> *q = p->next;
    p->next = q->next;
    delete q;
}
```

(4) 从链表末尾添加一个元素 void push_back(const T& e)。这属于插入元素的一种特殊情况，代码如下：

```
template <typename T>
void MyList<T>::push_back(const T& e) {
    insertAfter(_tail, e);
}
```

(5) 输出链表中所有元素，重载运算符<<。可以用类似 for(i=0;i<n;i++)的循环语句实现这个操作，只不过 i=0、i<n 和 i++这三个项目需要改成链表需要的形式。定义一个指向结点的指针 p，p 开始时指向 head 的下一个结点(p = head->next)，即第一个实际存放元素的结点；循环中的每一轮 p 向后移动一个结点(p=p->next)；当 p 访问完最后一个结点后结束，因为最后一个结点的下一个结点指针被定义为NULL，因此当 p 为 NULL 时结束循环(p!=NULL)。

输出链表中所有元素的操作需要用到 MyList 的私有变量_head，因此重载operator<<应为友元函数，该操作直接在声明中定义：

```
friend ostream& operator<<(ostream &output, const MyList<T> &list) {
    for (Node<T> *p = list._head->next; p != NULL; p = p->next) {
        cout << p->data << " ";
    }
    return output;
}
```

(6) 访问链表第 *i* 个元素的操作，重载运算符[i]。该操作返回链表的第 pos 个结点的数据，第一个实际数据元素为第零个。该操作需要从链表头指针开始计数，循环向后移动指针，计数第 pos 次返回指针当前指向的结点。代码如下：

```
template <typename T>
T& MyList<T>::operator[](int i) {
    Node<T>* p = _head->next;
    for (int index = 0; index < i; index++) {
        p = p->next;
    }
    return p->data;
}
```

(7) 释放内存~MyList()。与输出链表的操作类似，这里换成 while 来实现，读者也可以选择用 for 实现。

注意，在逐项释放链表元素占用的空间时，一定要先获取到下一个结点的指针，再释放当前结点资源，否则一旦当前结点释放，结点的 next 成员变量中保存的信息也不再可靠，此时将无法再获得下一个结点的指针。代码如下：

```
template <typename T>
MyList<T>::~MyList() {
    Node<T> *p, *q;
    p = _head;
    while(p != NULL) {
        q = p;
        p = p->next;
        delete q;
    }
}
```

可以用简单的实例测试链表操作源代码的正确性。代码如下：

```
int main() {
    MyList<int> mylist;
    mylist.push_back(1);
    mylist.push_back(2);
    mylist.push_back(3);
    cout << mylist << endl;
    cout << mylist[1] << endl;
}
```

2.4.3　链表操作的时间复杂度

通过之前链表各种操作的算法可以看出，与顺序表不同，链表在进行插入和删除操作时无须进行大量数据元素的后移和前移操作，只和插入位置之前和之后的两个结点有关，因此链表插入和删除操作时间复杂度为 $O(1)$。另外，链表在进行定位操作上则颇为困难，因为当只有链表头指针信息的情况下，不能直接判断第 10 个、第 22 个或者第 1000 个结点的位置，而必须从链表头结点开始向后数。因为获取每个结点的概率相同，所以链表定位操作的时间复杂度为 $O(n)$。因为链表操作时间复杂度分析起来简单直观，所以这里不再像顺序表那样给出详细的计算过程。

2.5　循环链表、双向链表和静态链表

除了最常见的单链表，链表还有循环链表、双向链表和静态链表等结构。

2.5.1　循环链表

如图 2-12 所示，循环链表是最后一个结点的下一个结点是头结点的链表。这种链表构成了一种环状结构，因为其与非循环链表的差别很小，一般也算线性结构。

循环链表与非循环链表在实现上几乎没有区别，假定最后一个结点的指针为 p，只要设置 p->next = head 即可。

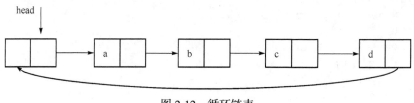

图 2-12　循环链表

2.5.2 双向链表

在对链式存储的数据进行处理时，不仅会用到向后访问的操作，有时也需要向前访问的操作，此时单向链表使用起来颇为不便，需要一种能够实现双向访问的链表，即双向链表。相应地，只有 next 指针的链表称为单链表。**双向链表**又称双链表，它的每个结点由三个部分组成，如图 2-13 和图 2-14 所示，除了存储的实际数据 data 和指向下一个结点的指针 next，还有一个指向前一个结点的指针 prev。由这样的结点组成的链表和循环链表分别如图 2-15 和图 2-16 所示。

图 2-13　双向链表的结点　　　　图 2-14　双向链表结点的结构

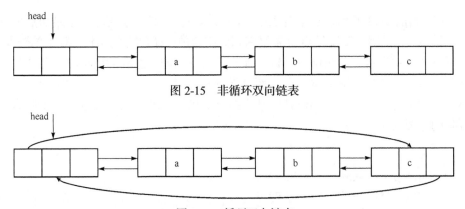

图 2-15　非循环双向链表

图 2-16　循环双向链表

可将双向链表结点类型定义为结构体，代码如下：

```
template <typename T>
struct Node {
    T data;
    Node* prev;
    Node* next;
};
```

双向链表与单链表的各项操作基本类似，区别在于双向链表的每个结点用 prev 和 next 保存了前后两个结点的位置信息，在插入和删除时，也需要修改对应结点的 prev 和 next 两处指针。下面主要介绍这两种操作。

(1) 如图 2-17 所示，向双向链表的结点 p 后面插入新结点 q 的主要代码如下：

```
template <typename T>
void insert(Node<T>* p, Node<T>* q) {
    q->next = p->next;
    p->next = q;
```

```
        q->prev = p;
        q->next->prev = q;
    }
```

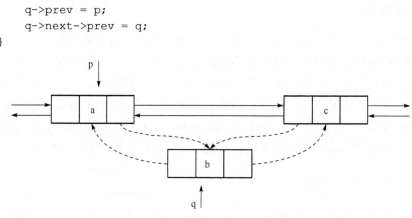

图 2-17　向双向链表插入结点

(2) 如图 2-18 所示，在单链表删除的操作中，定义的是删除某个结点后面的那个结点，这是因为删除结点时需要用到该结点前一个结点的指针。对于单链表，如果不事先保存这个前驱结点指针，那么当访问到需要删除的结点时，除非从头再来，否则无法再获取前驱结点。而对于双向链表，因为每个结点中都保存了前驱结点的指针，所以只要知道其中某个结点的指针，就可以直接删除这个结点，删除的主要代码如下：

```
template <typename T>
void erase(Node<T>* p) {
    p->prev->next = p->next;
    p->next->prev = p->prev;
    delete p;
}
```

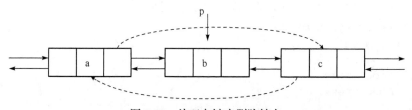

图 2-18　从双向链表删除结点

　　注意，双向链表中进行删除时更方便，可以直接指定删除某个结点。单链表我们并没有给出这个操作，而是给出了删除下一个结点的操作，因为如果想要删除一个结点，需要用到它的前一个结点，在双向链表中只需要通过 prev 成员变量就可以找到前一个结点，而单链表如果没有保存前一个结点，则需要从头结点开始逐项访问，重新找到该结点的前一个结点，代价可能很大。

与单链表相比，双向链表固然在指针前后移动时更加便利，但同时增加了一倍的维护操作，因此单链表仍然有很高的使用价值，读者可以根据应用场景灵活决定使用哪种链表。

2.5.3　静态链表

在之前对顺序表和链表的介绍中，可能让读者感觉到顺序表就是数组的增强版，而链表似乎就是指针的增强版。这种把数据结构和 C++语言语法一一对应的理解是错误的。顺序表的核心是连续不间断的存储，而数组并没有这种要求；而链表也可以通过数组而不是指针来实现。其实 C++的数组和指针本质相同，数组变量对应的是数组的首地址，可以用操作指针的方法来操作数组，也就是说指针可以表示顺序表。反过来看，指针也就是一个地址或者说是一个整数，也就是说可以用数组来表示链表，这种表示方式称为**静态链表**。

如图 2-19 所示的静态链表中，事先分配了用于最多存储链表 8 个结点的空间，每个结点是一个结构体类型的数据，结构体的第一个成员为实际存储的数据，这里为 char 类型，第二个成员为该结点的下一个结点对应的数组索引，如果该值为 –1 则表示这是链表的最后一个结点。链表的"头指针"用链表的第一个结点对应的数组索引表示。假定链表的第一个结点为数组的第零个结点，那么初始的链表为 a->b->c->d。如果需要向链表中的 c 和 d 两个结点之间插入一个结点 e，那么首先将 e 放到数组中，然后修改 c 和 e 结点的下一个结点的数组索引即可。如果需要从链表中删除结点 b，那么修改结点 a 的下一个结点的数组索引即可。

0	a	1		0	a	1		0	a	2
1	b	2		1	b	2		1	b	2
2	c	3		2	c	4		2	c	4
3	d	–1		3	d	–1		3	d	–1
4				4	e	3		4	e	3
5				5				5		
6				6				6		
7				7				7		

图 2-19　静态链表存储与操作示意图

定义静态链表的代码如下：

```
struct Node {
    char data;
```

```
        int next;
};
struct {
    Node elems[MAX_SIZE];
    int head;
};
```

其中，MAX_SIZE 为数组分配的最大空间。

同普通链表相比，静态链表扩充存储空间和释放存储空间很不方便，在实际应用中很少用到，它的主要应用是在没有操作系统或者没有操作系统管理内存(C++的 new 其实是操作系统将自己管理的内存分出一块交给应用程序)的情况下，把内存当成一个巨大数组进行自行管理。这里介绍它主要是为了向读者说明，C语言的数组和指针与数据结构的顺序表和链表无关，不要混淆了语法和数据结构两种不同层面的概念。

2.6　C++ STL 中链表的用法

因为单链表比较简单，其核心仅为定义结点结构体、插入/删除操作，以及判断是否为 NULL 的遍历终止条件，所以 C++语言的 STL 没有提供单链表类，读者需要时完全可以自己定义相应的结点，也完全不需要用 template，直接根据具体应用定义相应的数据类型更简单、方便。

C++语言的 STL 提供了一个双向链表类 list，它的面向调用者的函数与 STL 的 vector 类几乎相同，只是内部实现机制存在较大差别，我们已经进行了详细介绍，这里只举一个简单的使用 list 的例子，更多详细内容读者可以自行阅读 C++ STL 中关于 list 的说明文档。代码如下：

```
//包含 list 类的头文件
#include <list>
//…
//创建双向链表 l
list<int> l;
//依次存入三项数据 1, 2, 3
l.push_back(1);
l.push_back(2);
l.push_back(3);
//依次输出链表中的内容
for (list<int>::iterator it = l.begin(); it != l.end(); it++)
    cout << *it << " ";
cout << endl;
//删除首个结点后面的那个结点
l.erase(++l.begin());
//再次输出链表的内容
```

```
for (list<int>::iterator it = l.begin(); it != l.end(); it++)
    cout << *it << " ";
cout << endl;
```

2.7　信息学竞赛中链表的应用

首先看一个单链表的例子。这里将单链表结点保存的数据类型设定为整型，结点定义如下：

```
struct Node {
    int data;
    Node* next;
}
```

例 2-3　反转单链表。

给定一个单链表，将其顺序反转。例如，单链表为 5->4->3->2->1->^，将其反转的结果为 1->2->3->4->5->^。要求：假定单链表为 n 项，时间复杂度不得超过 $O(n)$。

最直接的方法是每次找到链表的最后一项，将其取出放到链表最前面，循环 n 次。但是这种方法要求遍历链表 n 次，其时间复杂度为 $O(n^2)$，效率太低。

解决问题的关键是在遍历的过程即时进行反转。对于上面的例子，当访问到 4 时，可将 4 置于 5 的前面，此时链表被拆成两部分：

4->5->^　　　　　3->2->1->^

接下来可以将 3 放在 4 前面，此时链表被拆成：

3->4->5->^　　　　　2->1->^

依次类推，可以一次遍历链表就完成反转操作。第一部分链表可以用头指针保存，第二部分链表需要另外声明变量来保存，因为操作的过程会改变 next 指针，所以实际需要两个临时变量 p 和 q。如图 2-20 所示，每次将第二部分的第一个结点 q 插入第一部分链表的 head 之后、第一个实际数据之前，同时用 p 保存第二部分剩余结点中的第一个。

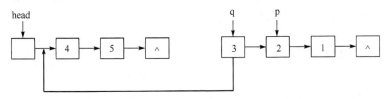

图 2-20　反转链表过程中一个步骤的示意图

注意需要考虑链表没有数据结点的特殊情况，代码如下：

```
void reverse(Node* head) {
```

```
    //链表无数据结点
    if (head->next == NULL)
        return;
    Node* p = head->next->next;
    head->next->next = NULL;
    while (p != NULL) {
        Node* q = p;
        p = p->next;
        q->next = head->next;
        head->next = q;
    }
}
```

接下来看一个使用 STL 的 list 类解决问题的例子。

例 2-4　约瑟夫环问题。

约瑟夫环源于一个故事：在罗马人占领乔塔帕特后，39 个犹太人与著名犹太历史学家约瑟夫及他的朋友躲到一个洞中，这 39 个犹太人宁愿死也不愿被敌人抓到，于是决定了一个自杀方式，即 41 个人排成一个圆圈，由第 1 个人开始报数，报 3 的人必须自杀，再由下一个重新从 1 开始报数，直到所有人都自杀身亡。然而，约瑟夫和他的朋友并不想死，约瑟夫要他的朋友假装遵从，他将朋友与自己安排在第 16 与第 31 的位置，于是逃过了这场死亡游戏。

该故事被定义成约瑟夫环问题：n 个人围成一个圆环(人员从 1 开始编号)，首先从第 s 个人开始，从 1 顺时针报数，报到第 m 个人，令其出列。再从出列的下一个人开始，从 1 顺时针报数，报到第 m 个人，再令其出列，……，如此下去，直到全部人出列。

对任意给定的 n、s、m，利用计算机模拟出列过程，输出人员的出列顺序。

例如，$n=8$、$s=1$、$m=4$ 的情况下，人员的出列顺序为

4 8 5 2 1 3 7 6

该问题的解法很多，这里采用 list 类来解决，出列可以用从 list 中删除对应元素的方法实现，实现方法比较直观，而且与顺序表相比，链表删除过程不带来额外的移动数据开销。每次访问到队伍末尾(end)后，需要手动调整到开头(begin)，从而实现模拟环状结构。具体代码如下：

```
void josephus(int n, int s, int m) {
    //初始化约瑟夫环
    list<int> circle;
    int i;
    for (i = 0; i < n; i++) {
        circle.push_back(i + 1);
    }
    //定位到第 s 个人
    list<int>::iterator it = circle.begin();
```

```
for (i = 0; i < s - 1; i++) {
    it++;
}
//循环报数出列，注意到队伍末尾的时候要手动调整回开头
while (!circle.empty()) {
    for (i = 0; i < m - 1; i++) {
        it++;
        if (it == circle.end()) {
            it = circle.begin();
        }
    }
    cout << *it << " ";
    it = circle.erase(it);
    if(it == circle.end()) {
        it = circle.begin();
    }
}
cout << endl;
}
```

习 题

简答题

1. 顺序表和链表都可以表示线性结构，它们的主要区别是什么？

编程题

2. 有序链表合并。

将两个数据已排序的链表 list1 和 list2 合并，合并后的链表依然有序，假定 list1 和 list2 的数据元素个数之和为 n，合并算法时间复杂度为 $O(n)$。

3. 右移链表。

给定一个链表，将链表每个结点向右移动 n 个位置。

例如，将 1->2->3->4->5->^向右移动 3 个位置，移动过程如下：

第 1 步: 5->1->2->3->4->^

第 2 步: 4->5->1->2->3->^

第 3 步: 3->4->5->1->2->^

4. 奖学金(NOIP2007 普及组)，题目详见 https://www.luogu.com.cn/problem/P1093。

第3章 栈与队列

本章介绍两种重要的线性结构：栈和队列。按照线性表的定义，栈和队列都属于线性表，因此它们都可以用线性表的两种不同存储方式——顺序表和链表来实现。栈和队列可以进行的操作不多，只能在表的一端进行插入和删除，是受限的线性结构。虽然栈和队列的结构及操作比较简单，但应用却非常广泛，小到中央处理器(CPU)指令集，大到云计算，计算机各领域中都可以看到它们的身影。另外，通过栈实现的递归是许多算法的基础，也是中学信息学竞赛的考查重点之一。

3.1 栈

3.1.1 栈的基本概念

栈(stack)，又称堆栈，是一种只能在表的尾部进行插入和删除的线性表。插入数据的过程称为进栈或压入堆栈(push)，删除数据的过程称为出栈或弹出堆栈(pop)。因为只能在表尾进行进栈和出栈操作，所以先进栈的元素由于处在靠近表头的位置，只能后出栈，而后进栈的元素处于靠近表尾的位置，可以先出栈。可以把栈想象成一摞叠放着的石头，最开始放的石头被压在最下面，最后放的石头放在最上面，如果想取出下面的石头，必须先把上面的石头搬开。这种数据的存储访问原则称为**后进先出**(last in first out，LIFO)。也正因为如此，一般把表头位置称为栈底，而把表尾位置称为栈顶，见图3-1。

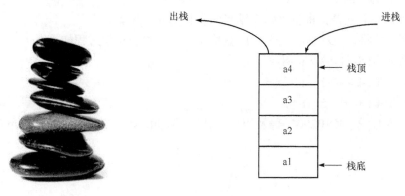

图 3-1　栈的示意图

3.1.2 顺序栈的实现

栈属于线性表，因此可以用顺序表或链表实现栈的操作，本书只提供顺序表的实现。栈的基本操作包括：

(1) void push(const T& e)。进栈，即将一个新元素 e 压入堆栈，实际就是把新元素放到顺序表的末尾。

(2) void pop()。出栈，即从栈中弹出一个元素，实际就是把顺序表的最后一项删除。

(3) T top()。获取栈顶元素，实际就是读取顺序表的最后一项元素(不删除)。

(4) bool empty()。判断栈是否为空。

因为栈是完全基于顺序表的，是顺序表的"专用版"或者说是"功能限制版"，所以可以尽量使用顺序表已经写好的功能来实现。栈这个类可以用继承 vector 的方式来构建。栈的定义如下：

```
template <typename T>
class MyStack : public vector<T>{
public:
    void push(const T& e);
    void pop();
    T top();
};
```

根据栈的定义，可以实现栈的如下基本操作。

(1) 进栈 push 可以直接调用 vector 的 push_back 操作：

```
template <typename T>
void MyStack<T>::push(const T& e) {
    push_back(e);
}
```

(2) 出栈 pop 就是 vector 的 pop_back 操作：

```
template <typename T>
void MyStack<T>::pop() {
    pop_back();
}
```

(3) 获取栈顶元素 top 就是获取 vector 的最后一项元素：

```
template <typename T>
T MyStack<T>::top() {
    return (*this)[size() - 1];
}
```

(4) 判断栈是否为空 empty。由于我们创建的栈类是继承 vector 的，vector 已有 empty 函数，这里就不需要再自己定义了。

可以简单测试一下我们实现的栈的功能，向栈中压入三个数，然后将其逐一弹出，直到栈为空结束。显然，如果入栈的顺序是 1、2、3，那么出栈的顺序就是 3、2、1。

```
int main() {
    MyStack<int> s;
    s.push(1);
    s.push(2);
    s.push(3);
    while(!s.empty()) {
        cout << s.top() << " ";
        s.pop();
    }
    cout << endl;
}
```

3.2　C++ STL 中栈的用法

　　C++ STL 中提供了栈这种数据结构,它的名称是 stack,主要的操作有 push、pop、top 和 empty 等,与我们实现的 MyStack 类几乎完全一样。后面的应用也都使用 stack 来完成。有些书在介绍栈时会把 pop 设计成有返回值的,即从栈顶弹出元素并将该元素返回。因为 C++ STL 中 stack 的 pop 是没有返回值的,为了和它保持一致,前面设计的 MyStack 的 pop 也是没有返回值的。

　　因为主要函数完全相同,这里不再赘述 stack 的使用方法,只需要将 MyStack 替换为 stack 即可。使用 STL 的 stack 时,需要先引用实现 stack 的头文件:

```
#include <stack>
stack<int> s;
//操作 stack 的方法与 MyStack 基本相同
```

3.3　信息学竞赛中栈的应用

例 3-1　十进制数转二进制数。

　　把十进制数转换成二进制数是计算机专业经常需要用到的操作,其转换的基本原理是不断对十进制数做除法,并记录每次除法的余数,直到被除数为 0。最后将余数反向写出即可。例如,可按如表 3-1 的步骤求出十进制数 14 转化为二进制的形式$(1110)_2$。

表 3-1　十进制数转二进制数示例

N(当前被除数)	$N/2$(下次除法的被除数)	$N\%2$(余数)
14	7	0
7	3	1

N(当前被除数)	$N/2$(下次除法的被除数)	$N\%2$(余数)
3	1	1
1	0	1

因为求余数得到的结果次序和最终二进制形式的次序刚好相反，所以可以把计算得到的余数存储在栈中，最后每次从栈中弹出一个元素并输出直到栈为空。根据栈的 LIFO 特性，先计算得到的余数后打印，后计算得到的余数先打印，刚好可以完成反序过程。

下面的函数 dec2bin 接收十进制数 dec，并按照上述方法将其打印成二进制数。代码如下：

```
void dec2bin(int dec) {
    stack<int> s;
    while (dec) {
        s.push(dec % 2);//在栈中保存余数
        dec = dec / 2;
    }
    //反序输出
    while (!s.empty()) {
        cout << s.top();
        s.pop();
    }
    cout << endl;
}
```

例 3-2 四则运算表达式求值。

表达式求值是程序设计语言编译中的一个基本问题，如最简单的四则运算表达式：

$$2+3\times(7-2)$$

怎么让计算机正确理解四则运算的优先级并得到正确结果呢？

为了让读者把精力集中在用栈分析运算优先级上，这里只考虑个位整数的四则运算，运算符只包括+、-、*、/、顿号，除法也只考虑整除的情况。这里的方法可以很方便地扩展到任意数字的各类基本运算。

对于人来说，描述运算优先级规则很简单，即先乘除、后加减，先算括号内、再算括号外，同级运算按从左向右次序计算。

问题在于要在计算机中实现这个简单的规则，必须考虑所有可能出现的情况。

对应两个相继出现的运算符 θ_1、θ_2（θ_1 先于 θ_2 出现），它们之间的优先级关系只可能是以下三种：

(1) 先算 θ_1，用 $\theta_1 > \theta_2$ 表示。

(2) 先算 θ_2，用 $\theta_1 < \theta_2$ 表示。

(3) θ_1 和 θ_2 相互抵消(匹配)，用 $\theta_1 = \theta_2$ 表示。该情况只用于左右括号匹配、表达式开始与结束匹配两种情况。

　　注意，这里优先级关系高于(>)、低于(<)和等于(=)并不表示四则运算符号优先级，只是表示 θ_1 和 θ_2 哪个应该先计算。例如，相继出现的两个加号，其四则运算优先级相等，但是前一个应该先算，所以对于相继出现的两个加号，$\theta_1 > \theta_2$。

除了+、-、*、/、(、)，另外增加一个符号#，在整个表达式的开头和结尾添加这个符号，用于确认表达式是否正确结束。

另外，用空格表示表达式本身存在语法错误，例如，出现了")"，却没有在之前出现与之匹配的"("，或者出现"("，却直到表达式结束都没出现与之匹配的")"等情况。

根据以上对各种符号的定义，可以给出两个相继出现的运算符 θ_1、θ_2 所有可能的运算规则，如表 3-2 所示。其中列表示 θ_1 的符号，行表示 θ_2 的符号。

表 3-2　四则混合运算规则表

θ_1 \ θ_2	+	-	*	/	(	)	#
+	>	>	<	<	<	>	>
-	>	>	<	<	<	>	>
*	>	>	>	>	<	>	>
/	>	>	>	>	<	>	>
(	<	<	<	<	<	=	
)	>	>	>	>		>	>
#	<	<	<	<	<		=

为了编写这个算法，需要两个栈，一个是运算符栈，用于存放由于优先级低而暂时没有处理的运算符，另一个是操作数栈，用于存放没有处理的数字以及中间运算结果。表达式求值的基本思路如下：

(1) 操作数栈开始为空栈，运算符栈开始时先压入一项#，用于和结束符匹配。

(2) 从表达式字符串读入一个字符。

(3) 若当前字符为数字，则判断前一个字符是否为数字，若也为数字，则将两个数字视为一体，将其转化为实际操作数并压入栈。

(4) 若当前字符为运算符且优先级高于(>)运算符栈的栈顶运算符，则进运算符栈。

(5) 若当前字符是运算符且优先级等于(=)栈顶运算符，则将栈顶元素弹出(此时意味着出现了括号匹配，将栈顶的"("弹出)。

(6) 若当前字符为运算符且优先级低于(<)运算符栈的栈顶运算符，则弹出栈顶运算符，并完成该运算符相应的运算。

这里重点解释一下步骤(4)。假定先读取了一个优先级低的运算符 A 并将其压入堆栈，又读到了一个运算符 B，B 的优先级比刚刚压入堆栈的栈顶元素 A 优先级高，为什么不计算 B，而是把 B 压入堆栈呢？这是因为 B 的后面可能有优先级更高的运算符。

就以前面的算式为例，$2+3×(7-2)$。先把"+"压入运算符栈中，然后读到"×"时，不能立即计算它，因为后面还有括号中优先级更高的运算。

只有读到一个运算符，且其优先级低于栈顶元素，这时先进行栈顶元素表示的运算才是安全的。例如，$2×3+(7-2)$。当读到"+"时，其优先级低于之前压入栈的栈顶元素"×"，这个"+"实际上"切断"了前后两部分表达式的优先级，此时无论之后的运算符是何种情况，先计算"×"都是安全的。

整个四则运算表达式求值的代码如下：

```
//优先级关系表
char relation[7][7]={{'>','>','<','<','<','>','>'},{'>','>','<',
'<','<','>','>'},{'>','>','>','>','<','>','>'},{'>','>','>','>','<',
'>','>'},{'<','<','<','<','<','=',''},{'>','>','>','>','','>','>'},{
'<','<','<','<','<','','='}};
//运算符对应优先级关系表的行(列)号
int getIndex(char c) {
   switch(c)
   {
   case '+':
       return 0;
   case '-':
       return 1;
   case '*':
       return 2;
   case '/':
       return 3;
   case '(':
       return 4;
   case ')':
       return 5;
   case '#':
       return 6;
   default:
       return 6;
   }
```

```
}

//给定运算符 c1，c2，查优先级关系表，获取 c1 和 c2 的优先级关系
char precede(char c1, char c2)
{
    return relation[getIndex(c1)][getIndex(c2)];
}
//给定操作数 num1、num2 和运算符 ch，根据运算符的符号，计算出运算结果并把结果
//作为返回值
int operate(int num1, char ch, int num2) {
    int result = 0;
    switch(ch) {
    case '+':
        result = num1 + num2;
        break;
    case '-':
        result = num1 - num2;
        break;
    case '*':
        result = num1 * num2;
        break;
    case '/':
        result = num1 / num2;
        break;
    }
    return result;
}

//表达式求值的主要部分，堆栈操作
int calc(char* exp) {
    stack<char> oprStack;        //运算符栈
    stack<int> numStack;       //操作数栈

    oprStack.push('#'); //压入与结果#匹配的开始符号#
    char c = *exp;         //当前读取字符
    int num1, num2, result;
    char opr;
    while (c != '#' || oprStack.top() != '#') {
        //如果读到符号为数字
        if (c >= '0' && c <= '9') {
            numStack.push(c - '0');
            exp++;
            c = *exp;
        } else {
            //若读到的字符为运算符，则根据优先级关系，分别按之前所述原理的三
```

```
            //种情况处理
            switch (precede(oprStack.top(), c)) {
            case '<':
                oprStack.push(c);
                exp++;
                c = *exp;
                break;
            case '=':
                oprStack.pop();
                exp++;
                c = *exp;
                break;
            case '>':
                num2 = numStack.top();
                numStack.pop();
                num1 = numStack.top();
                numStack.pop();
                opr = oprStack.top();
                oprStack.pop();
                result = operate(num1, opr, num2);
                numStack.push(result);
                break;
            case ' ':
                //表达式输入错误，直接退出
                return -1;
            }
        }
    }
    return numStack.top();
}


int main() {
    //若用户输入的表达式没有以#结束，则可由程序自动补一个
    char exp[] = "2+3*(7-2)#";
    int r = calc(exp);
    cout << r << endl;
}
```

表达式 $2+3\times(7-2)$ 求值过程中，操作数栈和运算符栈的变化见表 3-3。

表 3-3　表达式求值过程

步骤	表达式字符串	操作数栈	运算符栈	操作
1	2+3*(7-2)#		#	压入#
2	+3*(7-2)#	2	#	压入2

续表

步骤	表达式字符串	操作数栈	运算符栈	操作
3	3*(7−2)#	2	# +	压入+
4	*(7−2)#	2　3	# +	压入3
5	(7−2)#	2　3	# + *	压入*
6	7−2)#	2　3	# + * (	压入(
7	−2)#	2　3　7	# + * (	压入7
8	2)#	2　3　7	# + * (−	压入−
9	)#	2　3　7　2	# + * (−	压入2
10	)#	2　3	# + * (	7−2=5
11	#	2　3　5	# + *	(与)匹配，弹出
12	#	2　15	# +	3*5=15
13	#	17	#	2+15=17
14				弹出17

3.4　队　列

3.4.1　队列的基本概念

队列(queue)是一种与栈操作刚好相反的线性结构，它只允许在线性表的一端进行插入操作，而在表的另一端进行删除操作。根据这种操作限定，只有删除了先前插入的数据，才能删除后来插入的数据。与栈相反，队列为先进先出(first in first out，FIFO)顺序。这种操作看上去就像人们在超市排队付款一样，先来站队的人先排到，后来的人后排到，如图 3-2 所示。进行删除操作的一端称为队首(front)，进行插入操作的一端称为队尾(rear)。进行插入的操作称为进队(enq)，进行删除的操作称为出队(deq)，如图 3-3 所示。

图 3-2　队列示意图

队列可以用顺序表实现，也可以用链表实现。先来看一下顺序表表示队列的方法。与顺序表稍有区别的是，需要 front 和 rear 分别表示队首和队尾的数组位置

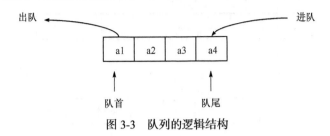

图 3-3　队列的逻辑结构

索引，而不是像顺序表那样总是从 0 开始，到 size−1 结束。这种修改是由顺序表的特点和队列操作方法决定的。如果像人们排队买东西一样设计队列，前面一个人买完离开后，身后所有排队人员都向前移动一步，那么有 n 个排队的人就需要进行 n 次移动。也就是说，队列的 1 次出队操作就需要进行 n 次数据移动，这种算法是很不"经济"的。相反，可以采用只移动队首位置的办法，这就好像把"队首"做成一块牌子，当有人离开后，就把队首的牌子交给他身后的那个人，所有排队的人就都不需要再移动了。同样，还需要一块"队尾"的牌子，表示队列的最后一个人，有新人来排队时，原来队列中最后一个人将队尾的牌子交给他。如果用 front 和 rear 表示，传递队首的过程就是 front = front + 1，而传递队尾的过程就是 rear = rear + 1，见图 3-4。

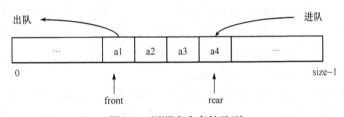

图 3-4　用顺序表存储队列

不过，这个简单高效的方法却存在一个明显的缺点。如图 3-5 所示，按照这个方法，如果进队、出队的操作反复进行，最终队列的 rear 会到达预先分配内存空间的最后位置，且此时队列的 front 处于内存空间的中部某处。此时，队列的尾部已经不能再后移，如果按照第 2 章顺序表的操作方法，应该扩大内存空间。然而，与顺序表操作不同的是，此时队列的空间并没有得到充分利用，极端情况下甚至有可能出现队列中没有任何数据但是却没有空间可用的情况。

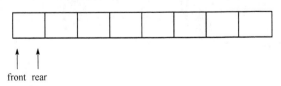

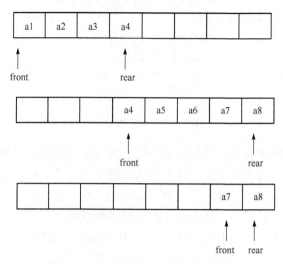

图 3-5　顺序表直接存储队列的问题

　　为了处理这种情况，需要让队列的 rear 到达顺序表最后位置时，能够重返顺序表的初始位置，从而达到"循环"使用的目的。实现循环使用的方法很简单，假定队列开辟的最大空间为 n(从 0 到 $n-1$)，每次有数据进队后，不是让队尾索引 rear = rear + 1，而是让 rear = (rear + 1) % n。当 rear 到达最后一项 $n-1$ 时，(rear + 1) % n = 0，rear 就自动回到了内存空间初始的地方。这个方法同样适用于队首 front。从逻辑上看，这时整个队列已经是一种环状结构了，这种可重复利用空间的环状队列称为**循环队列**，见图 3-6。

　　在对循环队列进行进队操作时，如果发现队列所有空间已被占满，那么是否可以和顺序表插入操作一样，先扩展内存，然后将新元素加入呢？如图 3-7 所示，贸然对循环队列扩展内存会破坏之前数据的前后逻辑关系，如果需要扩展，只有

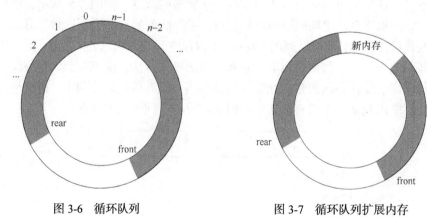

图 3-6　循环队列　　　　　图 3-7　循环队列扩展内存

先分配一块更大的内存，然后将原队列数据按照逻辑关系依次存入新内存，最后释放原队列所占空间。这个实现留给读者完成。

3.4.2 链式队列的实现

更为自然的方式是用链表来表示队列，如图 3-8 所示，front 和 rear 表示队首和队尾指针，分别指向当前链表的第一项和最后一项，需要进队时就将新项加到最后一项后面，并将队尾指针指向新加的这一项，需要出队时就将队首指针指向的元素取出，并把队首指针向后移动一项。每次有元素进队时分配空间，有元素出队时回收空间，也就不存在需要循环使用空间的问题了。

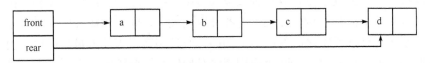

图 3-8 用链表实现队列

队列的基本操作包括：

(1) void push(const T& e)。进队，即将一个新元素 e 存入队列，实际就是把新元素放到链表的末尾。

(2) void pop()。出队，即从队中取出一个元素，实际就是把链表的第一项删除。

(3) T front()。实际就是读取链表的第一项元素(不删除)。

(4) bool empty()。判断队列是否为空。

与栈的实现类似，可以采用继承 C++ STL 的链表类 list 的方式创建队列，这样 front 和 empty 函数就不用再重复实现了，其他函数也可以直接调用 list 的函数来实现。队列的定义如下：

```
template <typename T>
class MyQueue : public list<T> {
public:
    void push(const T& e);
    void pop();
};
```

根据定义，可以实现队列的如下操作。

(1) 进队，就是把新元素加到链表末尾：

```
template <typename T>
void MyQueue<T>::push(const T& e) {
    this->push_back(e);
}
```

(2) 出队，就是从链表头删除一项：

```
template <typename T>
void MyQueue<T>::pop() {
```

```
        this->pop_front();
    }
```

利用上述操作，编写一段小程序验证队列先进先出的特点：

```
MyQueue<int> q;
for (int i = 0; i < 3; i++) {
    q.push(i);
}
while (!q.empty()) {
    cout << q.front() << endl;
    q.pop();
}
```

与栈一样，队列也是计算机领域极其常用的数据结构。应用程序和操作系统需要建立大量的队列结构，保证它的各种应用程序之间、应用程序与操作系统之间以及系统与外部设备之间的通信。例如，通过网络发来的大量数据包、用户界面接收的一连串用户输入、某个应用程序对操作系统资源的一系列请求，或者两个应用程序之间的一系列通信，都有可能由于 CPU 资源或网络带宽的短暂紧张以及应用程序进程的暂时挂起而无法立即进行响应。此时这一系列的请求数据就会被缓存在队列结构中，直到有空闲资源或进程恢复，再陆续从队列中按顺序取出并加以处理。

3.5　C++ STL 中队列的用法

3.5.1　队列 queue 的用法

C++ STL 中提供了队列这种数据结构，它的名称是 queue，主要的操作有 push、pop、front、back(获取队尾元素)和 empty 等，与我们实现的 MyQueue 类几乎完全一样。后面的应用都使用 stack 来完成。有些书在介绍队列时会把 push 和 pop 的名字写成 enqueue 和 dequeue，而且 dequeue 设计成有返回值的，即从队首弹出元素并将该元素返回。为了和 C++ STL 保持一致，这里设计的 MyQueue 的主要函数都按照 C++ STL 进行命名和设计返回值。

因为主要函数完全相同，这里不再赘述 queue 的使用方法，只需要将 MyQueue 替换为 queue 即可。使用 STL 的 queue 时，需要先引用实现 queue 的头文件：

```
#include <queue>
queue<int> q;
//操作 queue 与 MyQueue 基本相同
```

3.5.2　优先级队列 priority_queue 的用法

除了队列，C++ STL 还提供了优先级队列 priority_queue。优先级队列的操作与普通队列类似，也是 push 进队、pop 出队等，主要区别在于普通队列出队的顺序是先进先出，而优先级队列则按照队列中元素的优先级，每次让优先级最高的一项元素先出队。

注意，优先级队列的队首元素(优先级最高的元素)用 top 函数获取，而普通队列的队首元素用 front 函数获取。

使用优先级队列也需要包含头文件 queue。

首先来看一个简单的例子：

```
#include <queue>
//…
priority_queue<int> q1;
q1.push(3);
q1.push(9);
q1.push(1);
q1.push(6);
while (!q1.empty()) {
    cout << q1.top() << " ";
    q1.pop();
}
cout << endl;
```

以上代码输出结果为

```
9 6 3 1
```

优先级队列的形式是 priority_queue<Type, Container, Functional>，其中 Type 表示优先级队列中元素的数据类型；Container 实现队列的容器类型，默认为 vector；Functional 是比较的方式，对于整数有大数优先和小数优先，默认为大数优先，对于自定义类型，需要定义一个实现了 operator()函数的比较类。

也就是说，对于代码

```
priority_queue<int> q1
```

其完整形式为

```
priority_queue<int, vector<int>, less<int>> q1
```

其中，less 是 C++ STL 实现的仿函数，还有一个对应的仿函数是 greater。

如果定义为

```
priority_queue<int, vector<int>, greater<int>> q1
```

出队时就会是小数优先，从小到大排列。

在实际应用中的数据一般不会只包含优先级信息，如医院床位紧张，需要根据患者的病情严重程度来安排入院顺序，这里每个患者就包含了病情优先级和患者信息两部分数据，把患者信息简化为患者编号，来看一下这种自定义类型的数据是如何使用优先级队列进行处理的。

首先定义患者结构体，包括患者的病情优先级和患者编号：

```
struct Patient {
    int priority;
    int patient_id;
    Patient(int p, int i) : priority(p), patient_id(i){};
};
```

接下来定义一个结构体 cmp，用于实现患者类的优先级比较关系，以下代码表示当 b 的 priority 大时 b 的优先级高，即数大优先，若需要相反的优先级关系，则可将代码中的 "<" 换成 ">"。

```
struct cmp{
    bool operator()(Patient &a,Patient &b){
        return a.priority < b.priority;
    }
};
```

最后定义优先级队列并且做一个简单的测试：

```
Patient p1(1, 101);  //优先级最低
Patient p2(2, 102);
Patient p3(3, 103);  //优先级最高
Patient p4(2, 104);
priority_queue<Patient, vector<Patient>, cmp> q2;
q2.push(p1);
q2.push(p2);
q2.push(p3);
q2.push(p4);
    while (!q2.empty()) {
    cout << q2.top().patient_id << "(" << q2.top().priority << ") ";
    q2.pop();
}
cout << endl;
```

最后的出队顺序是 103、102、104、101。

有读者可能会问，优先级队列是如何实现的呢？是否在每次数据进队后发生了排序呢？实际上，每次进队后排序确实可以实现优先级队列，但是算法时间复杂度较高，实际采用的是一种效率更高的、称为"堆"的数据结构。该结构可以保证最高优先级的数据会排在第一项，而其他数据并非按从高到低排序，相关的内容会在本书的排序章节中介绍。

3.6　信息学竞赛中队列的应用

例 3-3　海港(NOIP2016 普及组)。

小 K 是一个海港的海关工作人员。每天都有许多船只到达海港，船上通常有

很多来自不同国家的乘客。小 K 对这些到达海港的船只非常感兴趣，他按照时间记录下了到达海港的每一艘船只的情况：对于第 i 艘到达的船，他记录了这艘船到达的时间 t_i（单位：秒）、船上的乘客数 k_i，以及每名乘客的国籍 $x(i,1)$，$x(i,2),\cdots,x(i,k)$。小 K 统计了 n 艘船的信息，希望你帮忙计算出每一艘船到达时间的 24 小时（24 小时=86400 秒）内所有乘船到达的乘客来自多少个不同的国家。形式化地讲，你需要计算 n 条信息。对于输出的第 i 条信息，你需要统计满足 $t_i - 86400 < t_p \leqslant t_i$ 的船只 p，在所有的 $x(p,j)$ 中，总共有多少个不同的数。

输入格式：

第一行输入一个正整数 n，表示小 K 统计了 n 艘船的信息。接下来 n 行，每行描述一艘船的信息：前两个整数 t_i 和 k_i 分别表示这艘船到达海港的时间和船上的乘客数量，接下来 k_i 个整数 $x(i,j)$ 表示船上乘客的国籍。保证输入的 t_i 是递增的，单位是秒，表示从小 K 第一次上班开始计时，这艘船在第 t_i 秒到达海港。

输出为 n 行，第 i 行表示第 i 艘船到达的 24 小时以内所有乘客的国籍数。

示例 1：

输入：

```
3
1 4 4 1 2 2
2 2 2 3
10 1 3
```

输出：

```
3
4
4
```

示例说明：

第一艘船在第 1 秒到达海港，最近 24 小时内到达的船是第一艘船，共有 4 个乘客，分别是来自国家 4、1、2、2，共来自 3 个不同的国家；第二艘船在第 2 秒到达海港，最近 24 小时内到达的船是第一艘船和第二艘船，共有 4+2=6 个乘客，分别来自国家 4、1、2、2、2、3，共来自 4 个不同的国家；第三艘船在第 10 秒到达海港，最近 24 小时内到达的船是第一艘船、第二艘船和第三艘船，共有 4+2+1=7 个乘客，分别是来自国家 4、1、2、2、2、3、3，共来自 4 个不同的国家。

示例 2：

输入：

```
4
1 4 1 2 2 3
```

3 2 2 3
86401 2 3 4
86402 1 5
输出:

3

3

3

4

示例说明:

第一艘船在第 1 秒到达海港，最近 24 小时内到达的船是第一艘船，共有 4 个乘客，分别来自国家 1、2、2、3，共来自 3 个不同的国家；第二艘船在第 3 秒到达海港，最近 24 小时内到达的船是第一艘船和第二艘船，共有 4 + 2 = 6 个乘客，分别来自国家 1、2、2、3、2、3，共来自 3 个不同的国家；第三艘船在第 86401 秒到达海港，最近 24 小时内到达的船是第二艘船和第三艘船，共有 2 + 2 = 4 个乘客，分别来自国家 2、3、3、4，共来自 3 个不同的国家；第四艘船在第 86402 秒到达海港,最近 24 小时内到达的船是第二艘船、第三艘船和第四艘船，共有 2 + 2 + 1 = 5 个乘客，分别来自国家 2、3、3、4、5，共来自 4 个不同的国家。

可以将所有船只的信息先保存起来,再根据每艘船到港时间去查找 24 小时内的所有船只，并获取所有乘客信息进行统计，但这样做效率较低。更快捷的办法是采用队列，按照人而不是船的信息来进行统计。因为题目已经保证了输入数据在时间上是有序的,可以把每个人的国籍和到港时间存进队列，并另外开辟一个数组 stat，统计和保存当前每个国籍的有效人数。当获取一艘新的到港船只时，把队列中超过 24 小时的人取出，并更新当前国籍统计信息即可。

该问题的源代码如下：

```cpp
#include <iostream>
#include <queue>
#include <stdlib.h>

#define MAX_COUNTIRES 1000
using namespace std;

struct Person {
    int t;          //到达时间
    int cid;        //国籍编号
};

int main() {
```

```
int n, t, m;
int i, j;
int cid;
queue<Person> q;
int stat[MAX_COUNTIRES];
memset(stat, 0, sizeof(stat));

cin >> n;
for (i = 0; i < n; i++) {
    cin >> t >> m;
    //增加到达船上人的国籍数量
    for (j = 0; j < m; j++) {
        cin >> cid;
        stat[cid]++;
        Person p = {t, cid};
        q.push(p);
    }
    //删除超期船上人的国籍数量
    while (!q.empty()) {
        Person p = q.front();
        if (t - p.t >= 86400) {
            q.pop();
            stat[p.cid]--;
        } else {
            break;
        }
    }
    //统计当前 stat 中不为 0 的项数并输出
    int nc = 0;
    for (j = 0; j < MAX_COUNTIRES; j++) {
        if (stat[j] > 0) {
            nc++;
        }
    }
    cout << nc << endl;
}
}
```

习　题

选择题

1. 已知数据进入一个栈序列是 a、b、c、d、e，则栈不可能的输出序列是(　　)。

A. edcba　　　　B. decba　　　C. dceab　　　D. abcde

2. 假设循环队列用数组存储，数组最大空间为 maxsize，其头部下标保存在

front，尾部下标保存在 rear，则从队列中取出元素的操作应该是(　　　)。

A. front = front + 1　　　　　　　　B. rear = rear + 1

C. front = (front + 1) % maxsize　　D. rear = (rear + 1) % maxsize

编程题

3. Blah 数集。

大数学家高斯小时候偶然间发现一种有趣的自然数集合 Blah，对于以 a 为基的集合 Ba 定义如下：

(1) a 是集合 Ba 的基，且 a 是 Ba 的第一个元素；

(2) 如果 x 在集合 Ba 中，则 $2x+1$ 和 $3x+1$ 也都在集合 Ba 中；

(3) 没有其他元素在集合 Ba 中。

现在小高斯想知道如果将集合 Ba 中元素按照升序排列，第 N 个元素会是多少？

输入：两个数字，集合的基 $a(1 \leqslant a \leqslant 50)$ 以及所求元素序号 $n(1 \leqslant n \leqslant 1000000)$

输出：Ba 的第 n 个元素值

示例 1：

输入：

1 100

输出：

418

示例 2：

输入：

28 5437

输出：

900585

4. 表达式的值(NOIP2013 普及组)，题目详见 https://www.luogu.com.cn/problem/P1981。

第4章 递 归

本章介绍在程序设计语言中一种重要的算法：**递归(recursion)**。递归，是指函数、过程或者子程序在运行过程中直接或间接调用自身的一种算法，它可以把一个大型复杂的问题层层转化为一个与原问题相似的规模较小的问题来求解，因此利用递归算法编写程序，只需少量的代码程序就可以描述出解题过程所需要的多次重复计算，大大减少了程序的代码量。递归是中学信息学竞赛的考查重点之一，递归算法思想可以帮助学生灵活运用其他算法解决难题。

4.1 基本概念与用法

4.1.1 递归的基本概念

递归是一种在程序运行过程中调用自己的算法。在日常生活中，有很多递归的例子，如画中画、电影中的主人公正在演电影，以及俄罗斯的套娃等，甚至在经典的艺术作品中也有递归的例子，更为直观的是埃舍尔的版画《鱼与鳞》(图 4-1)，鱼身上的每一个鳞片都是一条小鱼。

图 4-1 埃舍尔的版画《鱼与鳞》

递归的编程理念是根据自身定义的，需要给定义加上约束条件，以保证其定义的程序运行结果是存在的。递归的定义由两部分组成：第一部分称为**锚(anchor)**或者**基例(ground case)**，指产生新对象的基本元素；第二部分给出由基本元素或已有对象产生新对象的构造规则，这些规则被反复使用，从而产生新的对象。例如，用递归来定义一个阶乘函数：

$$n! = \begin{cases} 1, & n=1 \\ n \times (n-1)!, & n>1 \end{cases}$$

当 $n=1$ 时，$n!$ 等于 1 是基本元素，作为初始条件，并给出在 $n>1$ 时 $n \times (n-1)!$ 作为产生新对象的构造规则，进行归纳步骤的操作。对阶乘函数进行递归算法的实现代码如下：

```
int f(int n)
{
    if (n == 1)
        return 1;
    else
        return n*f(n-1);
}
```

第 3 行和第 4 行处理的是基例，即此时函数的值可以直接算出而不用借助递归调用，也就是递归的结束条件。第 6 行根据构造新对象的规则进行递归调用的操作。计算机求解 4! 的执行过程如图 4-2 所示。

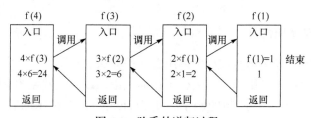

图 4-2　阶乘的递归过程

在计算机程序设计中，递归是指一个过程直接或间接地调用其自身的一种算法。递归调用可以分为直接递归调用和间接递归调用。

(1) 直接递归调用是指一个函数 f 在执行程序的过程中直接调用函数 f 自身，又执行函数 f 的程序，其代码如下：

```
void f(int n)
{
    ......
    f(m);
    ......
}
```

(2) 间接递归调用是指一个函数 f_a 在执行程序的过程中调用另外一个函数 f_b，而函数 f_b 执行过程的内部又调用了函数 f_a，这相当于过程 f_a 间接调用了过程 f_a 自身。其代码如下：

```
void f_a(int n)
{
```

```
    ……
    f_b(m);
    ……
}
void f_b(int n)
{
    ……
    f_a(m);
    ……
}
```

4.1.2　递归的特点

根据递归的含义，以及在运用递归算法编写程序解决问题时，递归有以下特点：

(1) 递归的本质就是在执行程序的过程中调用自身。

(2) 递归算法中必须有一个明确的递归结束条件，称为递归出口。当结束条件不满足时，递归继续前进调用；当结束条件满足时，不再执行递归调用，递归返回。

(3) 递归算法解题所编写的代码量少，程序显得非常简捷。

(4) 在递归调用的过程中，系统为每一层的返回点、局部量等开辟了栈来存储，即递归返回时，相当于栈的出栈功能。

4.2　递归与栈的关系

经过前面章节的学习，我们已经了解到，栈是一种运算受限的线性表。它按照先进后出的原则存储数据，先进入的数据被压入栈底，最后的数据在栈顶，需要读数据的时候从栈顶开始弹出数据(最后一个数据被第一个读出来)。栈具有记忆作用，对栈的插入(进栈)与删除(出栈)操作中，不需要改变栈底指针。

在计算机系统中，栈是一个动态内存区域，即存放那些由编译器在需要的时候分配、不需要的时候自动释放的变量的存储区。

递归定义与递归算法可以将对复杂问题的描述简单化，但递归过程在计算机中实现时必须依赖堆栈。

栈在计算机程序的运行中十分重要，它保存一个函数调用时需要的维护信息，即需要解决调用时的参数传递和返回地址保存问题。在高级语言的处理程序中，是利用一个"递归工作栈"来解决问题的。

递归函数是通过对系统中的栈帧进行一系列操作来实现的。每一次递归调用所需保存的信息构成一个工作记录，基本包括三个内容：返回地址，即本次调用结束后应返回去执行的语句地址；本次调用使用的实参；本层的局部变量。每调用一个函数，就在栈顶分配空间存放工作记录，函数结束退出后，释放这部分空间，这个过程称为活动记录。

下面以计算斐波那契数列(Fibonacci sequence)第 n 项的递归算法为例，具体了解一下栈在递归调用中的作用。

例 4-1　求斐波那契数列第 n 项。

斐波那契数列，又称黄金分割数列，因数学家列昂纳多·斐波那契(Leonardoda Fibonacci)以兔子繁殖为例子而引入，故又称为"兔子数列"，是指这样一个数列：1，1，2，3，5，8，13，21，34，…，在数学上，斐波那契数列按如下递推的方法定义：$F(1)=1$，$F(2)=1$，$F(n)=F(n-1)+F(n-2)(n\geqslant3$，$n\in\mathbf{N}^+)$。

```
int fib(int n)
{
    if (n == 1) return 1;
    if (n == 2) return 1;
    return fib(n-1)+fib(n-2);
}
int main()
{
    int n;
    n = fib(4);
    cout << n << endl;
}
```

递归调用过程中，活动记录的进栈情况如图 4-3 所示。

调用	递归工作栈		过程执行状态
fib(1)	retloc	1	第三次调用
fib(2)	retloc	2	第二次、第三次调用
fib(3)	retloc	3	第二次调用
fib(4)	retloc	4	第一次调用
	返回地址	实参	

图 4-3　斐波那契数列调用过程

第一次调用指 fib(4)，返回值为 fib(3)+fib(2)；第二次调用指 fib(3)+fib(2)的计算，fib(2)的返回值为 1，fib(3)的返回值为 fib(2)+fib(1)；第三次调用指 fib(2)+fib(1)的计算，fib(2)与 fib(1)的返回值均为 1。

递归调用返回时，活动记录的退栈情况如图 4-4 所示。

退栈前的调用	退栈活动记录		函数返回值	数值
fib(1)	retloc	1	1	1
fib(2)	retloc	2	1	1
fib(3)	retloc	3	fib(2)+fib(1)	2
fib(4)	retloc	4	fib(3)+fib(2)	3
	返回地址	实参		

图 4-4 斐波那契数列退栈情况

注意，默认情况下系统栈一般较小，例如，Windows 默认栈大小为 1MB，UNIX 为 10MB，使用递归可能会造成栈溢出，此种情况可以手动修改栈的默认大小。同时因为递归引起的重复调用需要多次组织活动记录并占用栈空间，造成较高的时间复杂度和空间复杂度，因此递归的执行效率并不高。

4.3 递 归 算 法

4.3.1 穷举法

穷举法，又称**枚举法(enumeration method)**，是用计算机求解问题最常用的算法之一。

穷举法的基本思想是：遍历程序执行每一个状态，列举出问题范围中所有可能的情况，逐个判断有哪些是符合问题所要求的条件，从而得到问题的全部解答或者一个最优的可行解。它利用计算机运算速度快、精确度高的特点，对要解决问题的所有可能情况，一个不漏地进行检查，从中找出符合要求的答案。

例如，找出 1 到 100 之间的素数，需要将 1 到 100 之间的所有整数进行判断；还有专员会利用穷举法去破译密码，将密码进行逐个推算直到找出真正的密码。

因此用穷举法解决问题，通常可以从两个方面进行分析。

(1) 问题所涉及的情况：即问题所涉及的情况有哪些，情况的种数可不可以确定。应用穷举法时对问题所涉及的有限种情形必须一一列举，既不能重复，也不能遗漏。

(2) 答案需要满足的条件：即根据问题要求分析需要满足什么条件，才成为问题的答案。把这些条件描述出来。

例 4-2 全排列。

什么是全排列？就是从 n 个数字中选择 n 个数字按照一定的顺序排列起来。所以本例题的任务是给定一个数组，输出其所有的全排列结果。要求可以概括为两点：输出该数组所有的全排列结果；任意两个全排列中 n 个数字排列的顺序不能相同。

接下来以数组 a={1,2,3}为例进行讨论。

下面用穷举法去实现。为了理解穷举法解决问题的步骤，对数组 a[3]={1,2,3}进行全排列，利用嵌套循环，a[0]、a[1]和 a[2]这三个位置都有三种可能取值，分别是 1、2 和 3；并且这三个数字是不同的，全排列要求每一个排序结果是不同的，所以满足的条件应是 a[0]≠a[1]≠a[2]。

根据这些思路可以翻译成穷举法的代码：

```cpp
#include <iostream>
using namespace std;
//穷举法计算全排列
void full (char* a)
{
    //嵌套循环以达到每一个位置都能取可能存在的数值
    for (int i=0;i<3;i++)
    {
        for (int j = 0;j<3;j++)
        {
            //不能有重复取值
            if (i!=j)
                for (int k = 0;k<3;k++)
                {
                    //满足条件要求，每一位的数值不同
                    if (k!=i && k!=j) {
                        cout<<a[i]<<a[j]<<a[k]<<endl;
                    }
                }
        }
    }
}
int main() {
    char a[] = {'1', '2', '3'};
    full(a);
}
```

可以用递归算法实现全排列。还是以 a={1,2,3}为例，算法可以分为以下几步来完成：

(1) a[0]这个位置轮流取 1、2、3，得到 3 类序列；

(2) 基于这 3 类序列，对 a[1]和 a[2]构成的子序列运用同样的递归算法；

(3) 前两步已经确定了 a[0]和 a[1]，所以最后一个位置 a[2]也就确定了，此时可以输出当前的排列方式。

```cpp
#include <iostream>
```

```cpp
using namespace std;
void full_array(char* arr,int start,int n)
{
    if(start==n-1)
    {
        for (int i = 0; i < n; i++)
            cout << arr[i] << " ";
        cout << endl;
    }
    for(int i=start;i<n;i++)
    {
        //start 代表的是每一个子序列的第一个位置，每一层递归的任务都只有一个：
        //枚举该层子序列第一个位置可以取的值
        int temp=arr[start];
        arr[start]=arr[i];
        arr[i]=temp;
        //该层递归的子序列第一个位置已经确定，递归处理剩下的子序列
        full_array(arr,start+1,n);
        //前面子序列的位置已经交换，只有变换回来才能继续排列，做到不重复不遗漏
        temp=arr[start];
        arr[start]=arr[i];
        arr[i]=temp;
    }
}
int main() {
    char a[] = {'1', '2', '3'};
    full_array(a,0,3);
}
```

4.3.2 分治法

　　分治法(divide and conquer)是一个非常通用的算法设计技术，它将一个问题的实例划分为同一类型的若干子问题(最好拥有同样的规模)，然后对这些子问题进行求解，如果子问题的解决方法是一样的，那么就可以运用递归算法进行求解，最后合并这些解，以得到原始问题的解。分治法的流程如图 4-5 所示，该图描述的是将一个问题划分为两个较小的子问题，是常见的执行过程，一般在单 CPU 机器上的分治法就是这种流程。

　　分治法的重点是分析问题是否可以划分为规模较小的子问题，难点是如何划分以及划分之后如何将各个子问题的解合并成最终的解，进行求解一般会需要借助一些数学知识或者其他理论。分治法往往可以将复杂的问题简单化，再通过简捷的解决方案进行求解。

　　下面通过一个具体例子去理解分治法。

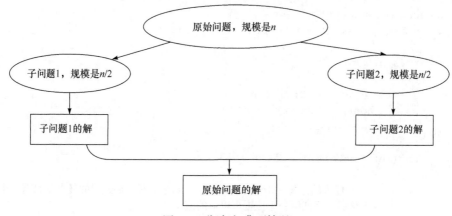

图 4-5　分治法(典型情况)

例 4-3　大整数相乘。

假设有两个大整数，分别用 X、Y 表示，设 $X=201912345$，$Y=202067890$。按照经典的笔算算法求 $X \times Y$ 的乘积，需要把 X 和 Y 中的每一项进行相乘，这种算法所需的时间复杂度大，效率低。可以采用分治法进行计算，首先将 X、Y 分别拆分为一半，即 X 分为 A 与 B，Y 分为 C 与 D；再把 X 和 Y 的乘积转化为公式：

$$XY = \left(A \times 10^{n/2} + B\right)\left(C \times 10^{n/2} + D\right) = AC \times 10^n + \left(AD + BC\right) \times 10^{n/2} + BD$$

把问题转化为求解因式分解的值，如图 4-6 所示。

$n/2$位	$n/2$位
A	B

$X =$

$n/2$位	$n/2$位
C	D

$Y =$

图 4-6　大整数拆分(这里取的大整数 X、Y 的位数一致)

在本书后面排序章节中会学到这种递推关系算法时间复杂度的计算方法，该算法的时间复杂度仍是 $O(n^2)$，与经典笔算算法的时间复杂度没有区别。下面再来看看，是否可以减少一个乘法，因为少了一个乘法，时间复杂度就会大大降低。于是原式可以化为这样的递推关系：

$$XY = AC \times 10^n + \left[\left(A-B\right)\left(D-C\right) + AC + BD\right] \times 10^{n/2} + BD$$

这样就避免了计算 AD 和 BC。依照这一递推公式，可以把大整数相乘分成 3 个步骤来完成：

(1) 两个大整数相乘，就把它们分别拆分为一半，即分为 A 与 B、C 与 D。

(2) 公式中的 AC、$(A-B)(D-C)$、BD 又可以看成大数相乘，再继续拆分，继续递归调用；这是重复操作的步骤。

(3) 递归结束，算出 AC、$(A-B)(D-C)$、BD，按照公式计算输出结果。

通过这种方法可以使算法时间复杂度降到 $O(n^{\log_B A})$ 。

具体代码如下：

```cpp
#include <iostream>
#include <string>
#include <math.h>
int count=0;
using namespace std;

void SameNumber();
int SIGN(long A);
long CalculateSame(long X, long Y, int n);
long CalculateUnSame(long X, long Y, int xn, int yn);

int main()
{
    SameNumber();
    return (0);
}

int SIGN(long A)  //判断两个大整数的正负
{
    return A > 0 ? 1 : -1;
}

void SameNumber()
{
    cout<<"请输入两个大整数：\nX=";
    long X = 0;
    cin>>X;
    cout<<"Y=";
    long Y = 0;
    cin>>Y;
    cout<<"请输入两个大整数的长度：n=";
    int n = 0;
    cin>>n;

    long sum = CalculateSame(X, Y, n);

    cout<<"分治乘法 X*Y="<<X<<"*"<<Y<<"="<<sum<<endl;
}

long CalculateSame(long X, long Y, int n)
{
    int sign = SIGN(X) * SIGN(Y);   //判断相乘之后的正负
```

```
//求绝对值
X = abs(X);
Y = abs(Y);
//如果两个数是 0，结果就是 0，也表示递归出口
if (X == 0 || Y == 0)
    return 0;
//如果两个数的位数仅是 1，直接相乘即可，表示递归出口
else if (n == 1)
    return sign * X * Y;
else
{
    //分别把 X 和 Y 拆分为一半，并记录下来
    long A = (long)(X / pow(10, n / 2));
    long B = (X % (long)pow(10, n / 2));
    long C = (long)(Y / pow(10, n / 2));
    long D = (Y % (long)pow(10, n / 2));
    //调用三次递归，存在整数相乘，继续拆分，进行递归调用
    long AC = CalculateSame(A, C, n / 2);
    long BD = CalculateSame(B, D, n / 2);
    long ABCD = CalculateSame((A - B), (D - C), n / 2) + AC +
BD;

    cout<<"A="<<A<<" B="<<B<<" C="<<C<<" D="<<D<<endl;

    return (long)(sign * (AC * pow(10, n) + ABCD * pow(10, n / 2)
+ BD));
}
}
```

例 4-4　汉诺塔问题。

汉诺塔问题是源于印度一个古老传说的益智玩具(图 4-7)。据说大梵天创造世界的时候做了三根金刚石柱子，在一根柱子上从下往上按照大小顺序摞着 64 片黄金圆盘。大梵天命令婆罗门把圆盘从下面开始按大小顺序重新摆放在另一根柱子上。并且规定，在小圆盘上不能放大圆盘，在三根柱子之间一次只能移动一个圆盘。

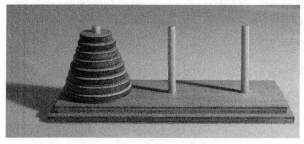

图 4-7　8 个圆盘的汉诺塔问题

由于汉诺塔规则限定十分严格(在每根柱子上的圆盘都必须从小到大摆放)，按要求完成移动会极其复杂，下面看看如何用分治法来分析这个问题。

假设有 n 个圆盘和 a、b、c 三根柱子，任务是要把 n 个圆盘从柱 a 移动到柱 c，如图 4-8 所示，可以把汉诺塔问题分成 3 个步骤来完成：

(1) 把前 $n-1$ 个圆盘从 a 移到 b。

(2) 把第 n 个圆盘从 a 移到 c。

(3) 把前 $n-1$ 个圆盘从 b 移到 c。

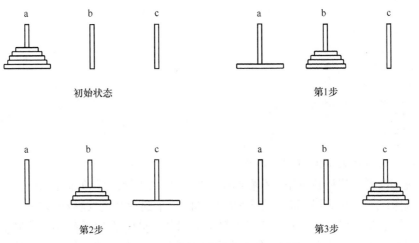

图 4-8 汉诺塔问题的分治法示意图

这种方法是否可行呢？显然第 2 步是可行的，而第 1 步和第 3 步是类似的。现只分析第 1 步，把前 $n-1$ 个圆盘从 a 移到 b 是否可行呢？这个过程又可以分为：先把 $n-2$ 个圆盘从 a 移到 c，然后把第 $n-1$ 个圆盘从 a 移到 b，最后把 $n-2$ 个圆盘从 c 移到 b。$n-1$ 问题可以顺利地分解为 $n-2$ 问题，同样，$n-2$ 问题还可以分解成 $n-3$ 问题，直到最后变成一个圆盘的移动问题。因此这种方法是可行的。

具体代码如下：

```
//将圆盘 i 从柱 src 移动到柱 des
void move(int i, char src, char des) {
    cout << "disc " << i << ": " << src << " -> " << des << endl;
}

// n 个圆盘从柱 a 移到柱 c，可以用柱 b 作为中转的汉诺塔问题算法
void hanoi(int n, char a, char b, char c) {
    if (n == 1) {
        move(1, a, c);
    }
    else {
```

```
        hanoi(n - 1, a, c, b);
        move(n, a, c);
        hanoi(n - 1, b, a, c);
    }
}
```

可以通过输出 3 个圆盘由柱 a 经过柱 b 的缓冲，移到柱 c 的过程，检验汉诺塔算法的正确性：

```
int main() {
    hanoi(3, 'a', 'b', 'c');
}
```

输出结果如下：

```
disc 1: a -> c
disc 2: a -> b
disc 1: c -> b
disc 3: a -> c
disc 1: b -> a
disc 2: b -> c
disc 1: a -> c
```

读者请自行验证该过程是否正确。

或许读者还想运行程序，看看原始问题中 64 个圆盘应该如何移动。那么本节最后就探讨一下汉诺塔问题的执行效率，即 64 个圆盘共需要移动多久。

从算法中可以看出，n 个圆盘的汉诺塔问题被分解成为两个 $n-1$ 个圆盘的汉诺塔问题，以及一个只需要一次移动圆盘的过程。因此，可以认为汉诺塔问题的时间复杂度大致为 $T(n) = 2T(n-1)+1$。由于 $T(1)=1$，将 $T(n)$ 展开可得 $T(n)=2^n-1$。也就是说，如果每秒能移动一次圆盘，那么完成 64 个圆盘移动需要 5000 亿年以上。

4.3.3　回溯法

回溯法(back tracking method)是一种选优搜索法，又称试探法，按选优条件向前搜索，以达到目标。回溯法实际上是一个类似枚举的搜索尝试过程，主要是在搜索尝试过程中寻找问题的解，当发现已不满足求解条件时，就"回溯"返回，尝试其他路径。

在解决某些问题时，会出现一种情况：从给定的位置出发有许多不同的路径，但不知道哪一条路径才能解决问题。尝试一条路径不成功后，发现原先的选择并不优或达不到目标，就退回一步重新选择，这种走不通就退回再走的技术为回溯法，而满足回溯条件的某个状态的点称为"回溯点"。

回溯法与穷举法有某些联系，它们都基于试探。穷举法是将问题的所有解一一罗列出来，若不满足问题要求，则放弃完整解，再尝试另一种可能。穷举法一般适用于解决规模小、效率要求低的问题。在回溯法中，当探索到某一步发现不符合条件时，退回上一步重新选择。相比于穷举法，回溯法既能找出所有解，又能提高效率。

下面通过回溯法解决八皇后问题。

例 4-5　八皇后问题。

如图 4-9 所示，该问题是国际象棋手马克斯·贝瑟尔于 1848 年提出的：在 8×8 的国际象棋棋盘上摆放着 8 个皇后，使其不能互相攻击，即任意两个皇后都不能处于同一行、同一列或同一斜线上，一共有多少种摆法？1854 年在柏林的象棋杂志上不同的作者发表了 40 种不同的解，后来有人用图论的方法解出 92 种结果。计算机发明后，有多种计算机语言可以解决此问题。

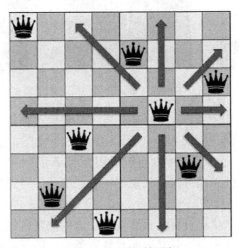

图 4-9　八皇后问题

为了解决这个问题，可以先把 1 号皇后放在棋盘上，再放上 2 号皇后，使其不会吃掉 1 号皇后，再放上 3 号皇后，使其不会和前两个皇后发生冲突，以此类推，直至放上所有的皇后。如果 6 号皇后找不到不与其他皇后发生冲突的位置，那么需要重新为 5 号皇后安排位置，再重新尝试为 6 号皇后找位置。如果还是不行，那么再重新给 5 号皇后换一个位置。如果 5 号皇后把所有位置都尝试了，还是找不到 6 号皇后合适的位置，那么就需要变换 4 号皇后的位置，重新开始遍历过程。这就是回溯的基本思想，这个过程的工作量非常大，但是找到合适的遍历位置的方法是一样的，所以这里运用递归算法就会非常简捷。

图 4-10　四皇后问题

为了让问题简单易懂，把棋盘改为 4×4，即四皇后问题(图 4-10)。

　　假定第一行放 1 号皇后。第一行的 4 个格子都可以放。按枚举的习惯，先放在第一个格子。那么根据规则，黑色的格子不能放其他皇后，如图 4-11 所示。

　　第二行放 2 号皇后，只能放在第三个或第四个格子。按枚举的习惯，先放在第三个格子，如图 4-12 所示。

　　可以发现，当 2 号皇后放在第二行第三列时，第三行就没有位置提供给 3 号皇后了，于是在 1 号皇后位于第一列，2 号皇后位于第三列的情况下问题无解。只能返回上一步，给 2 号皇后换个位置，挪到第四个格子，如图 4-13 所示。

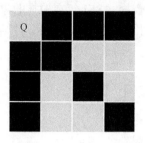 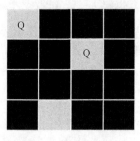 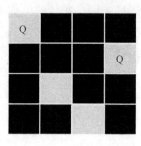

图 4-11　放入 1 号皇后　　　　图 4-12　放入 2 号皇后　　　　图 4-13　2 号皇后的另一种尝试

　　显然，3 号皇后只有一个位置可选。当 3 号皇后占据第三行空位时，因为两个皇后不能在同一斜线，所以 4 号皇后无路可走，于是发生错误，返回上层挪动 3 号皇后，而 3 号皇后也别无选择，继续返回上层挪动 2 号皇后，2 号皇后已经把所有路径都尝试了，已无路可走，只能返回上层挪动 1 号皇后。于是 1 号皇后改变位置(图 4-14)，继续搜索。

　　以上是皇后遍历的执行过程，只有找到合适的位置放置皇后，才能继续为下一个皇后做遍历，合适的位置就是要满足规则条件，即任意两个皇后都不能处于同一行、同一列或同一斜线上，那么如何通过代码去实现呢？

　　基本思想是：

　　(1) 正如前面的遍历过程，定义一个 c[8] 数组，规定 0 号皇后是第零行，1 号皇后在第一行，以此类推。c[0]、c[1]、…、c[7] 表示存放记录 8 个皇后放置的列数，如 c[3] = 2 表示第三行皇后在第二列、c[0] = 2 表示第零行皇后在第二列等。

　　(2) 需要对 c[i] 进行查找，是否有合适的位置；通过枚举法已经给 c[i] 提供了列值，在进行判断的时候，就需要把 c[i] 与 c[j](j=0,1,2,…,i-1)轮流比较(循环实现)。

　　条件 1：c[i] == c[j] 表示第 i 行和第 j 行皇后在同一列，这样两个皇后就冲突了，所以返回 false。

　　条件 2：i - c[i] == j - c[j] 表示第 i 行皇后在 c[i] 列、第 j 行皇后在 c[j] 列，在同一条斜率为负的斜线上。这样两个皇后也冲突了，如图 4-15 所示，返回 false。

条件 3：i + c[i] == j + c[j]。表示第 i 行皇后在第 c[i]列、第 j 行皇后在第 c[j]列，在同一条斜率为正的斜线上。这样两个皇后也冲突了，如图 4-16 所示，返回 false。

　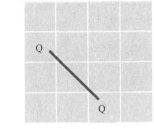　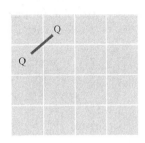

图 4-14　重新尝试放 1 号皇后　　图 4-15　皇后冲突的判断　　图 4-16　皇后冲突的判断

条件 2　　　　　　　　　　　条件 3

(3) 若返回 false，则让当前行的皇后尝试下一列位置；若返回 true，则保存这一行皇后的存放位置(列)，并开始递归尝试放下一行的皇后。

八皇后问题的参考代码如下：

```
#include<iostream>
using namespace std;

int n = 8;
int total = 0;
int c[n]; //第 i 个皇后放在第 i 行、第 c[i]列

bool check(int i)
{
    //放当前行的皇后时，只需要检查与前面那些行的皇后有没有冲突
    //不需要考虑后几行，因为后几行的皇后还没放上去
    for(int j = 0; j != i; j++)
    {
        if(c[i] == c[j] ||i - c[i] == j - c[j] ||i + c[i] == j + c[j])
        {
            return false;
        }
    }

    return true;
}

void queen(int row)
{
    if(row == n)
```

```
    {
        // 从 0 到 n-1 行, 全部都已经放上皇后了, 所以答案+1
        total++;

        // 打印出 n 个皇后具体放在 0~n-1 行的第几列
        for(int i = 0; i<n; i++)
        {
            cout << c[i] << " ";
        }
        cout << endl;
    }
    else
    {
        for(int col = 0; col != n; col++)
        {
            c[row] = col;
            if(check(row))
            {
                queen(row + 1);
            }
        }
    }
}
int main()
{
    queen(0);
    cout << total << endl;
    return 0;
}
```

4.4　信息学竞赛中递归的应用

例 4-6　棋盘(NOIP2017 普及组)。

有一个 $m \times m$ 的棋盘, 棋盘上每一个格子可能是红色、黄色或没有任何颜色。你现在要从棋盘的最左上角走到棋盘的最右下角。

任何一个时刻, 你所站的位置必须是有颜色的(不能是无色的), 且只能向上、下、左、右四个方向前进。当你从一个格子走向另一个格子时, 如果两个格子的颜色相同, 那么不需要花费金币; 若不同, 则需要花费 1 个金币。

另外, 你可以花费 2 个金币施展魔法, 让下一个无色格子暂时变为你指定的颜色。但这个魔法不能连续使用, 而且这个魔法的持续时间很短, 也就是说, 如果你使用了这个魔法, 走到了这个暂时有颜色的格子上, 那么你就不能继续使用魔法了；只有当你离开这个位置，走到一个本来就有颜色的格子上时，才能继续使用这个魔法，而当你离开了这个位置(因为魔法变得有颜色的格子)时，这个格子恢复为无色。

现在你要从棋盘的最左上角走到棋盘的最右下角，求最少花费多少金币。

输入格式：

第一行包含两个正整数 m、n，以一个空格分开，分别代表棋盘的大小、棋盘上有颜色的格子的数量。

接下来的 n 行，每行三个正整数 x、y、c，分别表示坐标为 (x,y) 的格子有颜色 c。

其中 $c=1$ 代表黄色，$c=0$ 代表红色。相邻两个数之间用一个空格隔开。棋盘左上角的坐标为 $(1,1)$，右下角的坐标为 (m,m)。

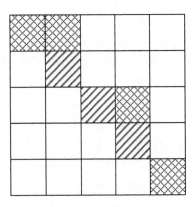

棋盘上其余的格子都是无色的。保证棋盘的左上角，也就是 $(1,1)$ 一定是有颜色的。

输出格式：

一个整数，表示花费的金币的最小值，若无法到达，则输出-1。

示例

如图 4-17 所示的棋盘(由于印刷原因，用斜线填充表示黄色，网格填充表示红色)。

图 4-17　棋盘示例

输入：

5 7

1 1 0

1 2 0

2 2 1

3 3 1

3 4 0

4 4 1

5 5 0

输出：

8

示例说明：

从(1,1)开始，走到(1,2)不花费金币；

从(1,2)向下走到(2,2)花费 1 枚金币；

从(2,2)施展魔法，将(2,3)变为黄色，花费 2 枚金币；

从(2,2)走到(2,3)不花费金币；

从(2,3)走到(3,3)不花费金币；

从(3,3)走到(3,4)花费 1 枚金币；

从(3,4)走到(4,4)花费 1 枚金币；

从(4,4)施展魔法，将(4,5)变为黄色，花费 2 枚金币；

从(4,4)走到(4,5)不花费金币；

从(4,5)走到(5,5)花费 1 枚金币；

共花费 8 枚金币。

这个题目采用回溯法，是向上、下、左、右的邻接格子试探。它不能通过简单设置已访问标识位的方式来控制搜索结束。这是因为不同的试探线路可能会多次经过同一个格子，必须允许一个格子被多次访问，而若不限定格子的访问次数，则又会出现无限递归的情况。

为了解决这个问题，为每个格子设置一个值，记录来到该格子前走过路径的最小花费，如果当前路径的花费再加上走这一步到该格子的花费低于此记录花费，那么更新该格子的最小花费，否则终止搜索。最小花费数组与棋盘大小相同。

至于不能使用魔法两次则比较好解决，可以设置一个使用变量 z 存储当前格子的状态，-1 表示没有使用魔法，若使用了魔法，则将要变成的目标颜色存入 z。

最后输出最小花费数组最右下角的那个值即可。

具体代码如下：

```cpp
#include<iostream>
using namespace std;

int m,n;
int map[100][100],all_cost[100][100];//棋盘颜色数组和花费金币数组
int move_x[4]={1,-1,0,0};
int move_y[4]={0,0,1,-1};//格子移动变量数组

void play(int x,int y,int z)
{
int step,cost;//循环次数和每一步所花费金币数
    int new_x, new_y, new_z;//下一个格子的坐标和数组位置
    if(x<0||y<0||x>m-1||y>m-1)
        return;//超出棋盘，此次递归循环返回
    for(step=0;step<4;step++)
      {
        new_z=-1;
        new_x = x+move_x[step];
        new_y = y+move_y[step];//下一个格子的坐标
        if(new_x<0||new_y<0||new_x>m-1||new_y>m-1)
          continue;
```

```
        if(z==-1)//如果当前的格子没有使用魔法
        {
          if(map[new_x][new_y]!=-1)//如果下一个格子有颜色
          {
              if(map[x][y]==map[new_x][new_y])//颜色相同
                  cost=0;//颜色相同的花费
              else
                  cost=1;//颜色不同
          }
          else
          {
              cost=2;//下一个格子没有颜色，使用魔法
              //下一个格子的魔法状态为已使用，同时也为使用魔法变成的颜色
              new_z=map[x][y];
          }
        }
        else//当前格子使用了魔法
        {
              if(map[new_x][new_y]!=-1)//下一个格子有颜色
              {
                  if(z==map[new_x][new_y])//颜色相同
                      cost=0;
                  else
                      cost=1;//颜色不同
              }
              else
                //下一个格子没有颜色，但由于已经使用魔法，无法变色，
                //此次循环失败无法到达
                  continue;
        }
        //设置总花费金币数，前一个条件是当两条路径有重合的格子时，
        //重合的格子花费金币数取最小的
        if(all_cost[new_x][new_y]>all_cost[x][y]+cost
          ||all_cost[new_x][new_y]==-1)
        {
          all_cost[new_x][new_y]=all_cost[x][y]+cost;
          play(new_x,new_y,new_z);
        }
    }
}

int main()
{
    int i;
    int x,y,k;
```

```
cin>>m>>n;
for(x=0;x<m;x++)
{
    for(y=0;y<m;y++)
    {
        map[x][y]=-1;
        all_cost[x][y]=-1;
    }
}
all_cost[0][0]=0;
for(i=0;i<n;i++)
{
    cin>>x>>y>>k;
    map[x-1][y-1]=k;
}
play(0,0,-1);
cout<<all_cost[m-1][m-1];
}
```

习　　题

简答题

1. 递归有什么缺点?

编程题

2. 跳台阶。

一只青蛙一次可以跳上 1 级台阶,也可以跳上 2 级台阶。求该青蛙跳上一个 n 级的台阶总共有多少种跳法。

3. 汉诺塔双塔问题(NOIP2007 普及组),题目详见 https://www.luogu.com.cn/problem/P1096。

第5章 串

串也称为字符串，可以看成由一串字符组成的线性结构。与存储其他数据的线性表相比，字符串更关注一组连续字符的操作，如对字符串进行复制、连接和匹配等。在 C 语言中我们已经学习过可以以字符数组的形式存储字符串，并且学习过可以通过 string.h 函数库中的 strlen、strcpy 和 strcat 等函数对字符数组进行各种操作。但是，C 语言的字符数组不包含长度信息，而是以末尾的 "\0" 特殊字符表示字符串结束，带来了一些效率和安全性方面的问题。例如，在使用 strlen 时，如果字符串的长度非常长，那么每次获取字符串长度就需要从头开始数一遍字符数组元素个数到 "\0"，效率低下；要是字符串本身包含长度信息就可以直接读取。又如，在使用 strcpy 把源串复制到目标串时，若目标串分配的空间比源串小，则 C 语言会强行将源串的字符复制到目标串空间以外的区域，造成缓冲区溢出，带来安全隐患；若字符串带有长度信息，则可以在复制开始前判断是否出现溢出。本章介绍如何实现带长度的字符串的数据结构，以及字符串匹配的高效算法。

5.1 串的基本概念

串(或字符串)，是由零个或多个字符组成的有穷序列。含零个字符的串称为空串，用 ϕ 表示。串中所含字符的个数称为该串的长度(或串长)。通常将一个串表示成 "$a_1a_2\cdots a_n$" 的形式。其中，最外边的双引号本身不是串的内容，它们是串的标识，以便将串与标识符(如变量名等)加以区别。每个 $a_i(1 \leqslant i \leqslant n)$ 代表一个字符。

当且仅当两个串的长度相等并且各个对应位置上的字符都相同时，这两个串才是相等的。一个串中任意个连续字符组成的子序列(含空串，但不含串本身)称为该串的子串。例如，"a"、"ab"、"abc" 和 "abcd" 等都是 "abcde" 的子串。

例 5-1 "abcde" 有多少个子串？

空串数：1。

含 1 个字符的子串数：5。

含 2 个字符的子串数：4。

含 3 个字符的子串数：3。

含 4 个字符的子串数：2。

所以共有 1+2+3+4+5=15 个子串。

串的基本运算如下。

(1) void StrAssign(SqString &s, char cstr[])：串初始化，将一个字符串常量赋给串 s，即生成一个其值等于 chars 的串 s。

(2) void StrCopy(SqString &s, const SqString & t)：串复制，即将串 t 复制给串 s。

(3) int StrEqual(const SqString &s, const SqString &t)：判串相等，即若两个串 s 与 t 相等，则返回真，否则返回假。

(4) int StrLength(const SqString &s)：求串长，即返回串 s 中字符的个数。

(5) SqString Concat(const SqString &s, const SqString &t)：串连接，即返回由两个串 s 和 t 连接在一起形成的新串。

(6) SqString SubStr(const SqString &s, int i, int j)：求子串，即返回串 s 中从第 $i(0 \leqslant i \leqslant StrLength(s)-1)$ 个字符开始的由连续 j 个字符组成的子串。

(7) SqString InsStr(const SqString &s1, int i, SqString s2)：串插入，即将串 s2 插入串 s1 的第 $i(0 \leqslant i \leqslant StrLength(s1)-1)$ 个字符后，也就是将 s2 的第一个字符作为 s1 的第 i 个字符，并返回产生的新串。

(8) SqString DelStr(const SqString &s, int i, int j)：串删除，即从串 s 中删去从第 $i(0 \leqslant i \leqslant StrLength(s)-1)$ 个字符开始的长度为 j 的子串，并返回产生的新串。

(9) SqString RepStr(const SqString &s, int i, int j, int t)：串替换，即在串 s 中将第 $i(0 \leqslant i \leqslant StrLength(s)-1)$ 个字符开始的由 j 个字符构成的子串用串 t 替换，并返回产生的新串。

(10) void DispStr(const SqString &s)：串输出，即输出串 s 的所有元素值。

5.2　串的存储结构

5.2.1　串的顺序存储

串是一种特殊的线性表，在非紧缩格式中，它的每个结点仅由一个字符组成，因此存储串的方法也就是存储线性表的一般方法。存储串最常用的方式是采用顺序存储，即把串的字符顺序地存储在连续的内存空间，称为顺序串。

顺序存储采用一般顺序表的存储结构，其类型定义如下：

```
typedef struct {
    char *ch;
    int len;
} SqString;
```

其中，ch 域用来存储字符串，len 域用来存储字符串的当前长度。

顺序串中实现串的基本运算如下。

(1) 串初始化：将一个字符串常量赋给串 s，即生成一个其值等于 cstr 的串 s。示例代码如下：

```
void StrAssign(SqString &s, char cstr[ ])
{
    int i;
    s.ch = new char[strlen(cstr)];
    for (i=0;cstr[i]!='\0';i++)
        s.ch[i]=cstr[i];
    s.len=i;
}
```

(2) 串复制：将串 t 复制给串 s。示例代码如下：

```
void StrCopy(SqString &s, const SqString &t)
{
        if (s.len < t.len)
    {
        s.ch = new char[t.len];
    }
    int i;
    for (i=0;i<t.len;i++)
        s.ch[i]=t.ch[i];
    s.len=t.len;
}
```

(3) 判串相等：若两个串 s 与 t 相等，则返回真(1)，否则返回假(0)。示例代码如下：

```
int StrEqual(const SqString &s, const SqString &t)
{
    int same=1,i;
    if (s.len!=t.len) same=0;  /*长度不相等时返回 0*/
    else
        for (i=0; i<s.len; i++)
        if (s.ch[i]!=t.ch[i])  /*有一个对应字符不相同时返回 0*/
        {
            same=0;
            break;
        }
    return same;
}
```

(4) 求串长：返回串 s 中字符的个数。示例代码如下：

```
int StrLength(const SqString &s)
{
    return s.len;
}
```

(5) 串连接：返回由两个串 s 和 t 连接在一起形成的新串。示例代码如下：

```
SqString Concat(const SqString &s, const SqString &t)
{
    SqString str;
    int i;
    str.len=s.len+t.len;
    str.ch = new char[str.len];
    for (i=0;i<s.len;i++)
        /*将s.ch[0]~s.ch[s.len-1]复制到str*/
        str.ch[i]=s.ch[i];
    for (i=0;i<t.len;i++)
        /*将t.ch[0]~t.ch[t.len-1]复制到str*/
        str.ch[s.len+i]=t.ch[i];
    return str;
}
```

(6) 求子串：返回串 s 中从第 i 个字符开始的由连续 j 个字符组成的子串。示例代码如下：

```
SqString SubStr(const SqString &s, int i, int j)
{
    SqString str;int k;str.len=0;
    if (i<0 || i>=s.len || j<=0 || i+j>s.len)
    {
        cout << "参数不正确" << endl;
        return str;      /*参数不正确时返回空串*/
    }
    for (k=i;k<i+j;k++)
        /*将s.ch[i]~s.ch[i+j]复制到str*/
        str.ch[k-i]=s.ch[k];
    str.len=j;
    return str;
}
```

(7) 串插入：将串 s2 插入串 s1 的第 i 个字符后，即将 s2 的第一个字符作为 s1 的第 i 个字符，并返回产生的新串。示例代码如下：

```
SqString InsStr(const SqString &s1, int i, SqString s2)
{
    int j;  SqString str;  str.len=0;
    if (i<0 || i>=s1.len)  /*参数不正确时返回空串*/
    {
        cout << "参数不正确" << endl;
        return str;
    }
    str.len=s1.len+s2.len;
    str.ch = new char[str.len];
    for (j=0;j<i;j++)
        /*将s1.ch[0]~s1.ch[i-1]复制到str*/
```

```
            str.ch[j]=s1.ch[j];
    for (j=0;j<s2.len;j++)
        /*将 s2.ch[0]～s2.ch[s2.len-1]复制到 str*/
         str.ch[i+j]=s2.ch[j];
    for (j=i;j<s1.len;j++)
        /*将 s1.ch[i]～s.ch[s1.len-1]复制到 str*/
        str.ch[s2.len+j]=s1.ch[j];
    str.len=s1.len+s2.len;
    return str;
}
```

(8) 串删除：从串 s 中删去第 i 个字符开始的长度为 j 的子串，并返回产生的新串。示例代码如下：

```
SqString DelStr(const SqString &s, int i, int j)
{
    int k;SqString str;
    str.len=0;
    if (i<0 || i>=s.len || i+j>s.len)
    /*参数不正确时返回空串*/
    {
        cout << "参数不正确" << endl;
        return str;
    }
    str.len=s.len - j;
    if (str.len > 0)
        str.ch = new char[str.len];
    for (k=0;k<i;k++)
        /*将 s.ch[0]～s.ch[i-1]复制到 str*/
        str.ch[k]=s.ch[k];
    for (k=i+j;k<s.len;k++)
        /*将 s.ch[i+j]～ch[s.len-1]复制到 str*/
        str.ch[k-j]=s.ch[k];
    return str;
}
```

(9) 串替换：在串 s 中，将第 i 个字符开始的由 j 个字符构成的子串用串 t 替换，并返回产生的新串。示例代码如下：

```
SqString RepStr(const SqString &s,int i,int j,SqString t)
{
    int k;SqString str;
    str.len=0;
    if (i<0 || i>=s.len || i+j>s.len)
    /*参数不正确时返回空串*/
    {
        cout << "参数不正确" << endl;
        return str;
```

```
    }
    str.len=s.len-j+t.len;
    str.ch = new char[str.len];
    for (k=0;k<i;k++)
        /*将 s.ch[0]~s.ch[i-1]复制到 str*/
        str.ch[k]=s.ch[k];
    for (k=0;k<t.len;k++)
        /*将 t.ch[0]~t.ch[t.len-1]复制到 str*/
        str.ch[i+k]=t.ch[k];
    for (k=i+j;k<s.len;k++)
        /*将 s.ch[i+j]~ch[s.len-1]复制到 str*/
        str.ch[t.len+k-j]=s.ch[k];
    return str;
}
```

(10) 串输出：输出串 s 的所有元素值。示例代码如下：

```
void DispStr(const SqString &s)
{
    int i;
    if (s.len>0)
    {
        for (i=0;i<s.len;i++)
            cout << s.ch[i];
        cout << endl;
    }
}
```

例 5-2　设计顺序串上实现串比较运算 Strcmp(s,t)的算法。

本例的算法思路如下：

(1) 比较 s 和 t 两个串共同长度范围内的对应字符：

① 若 s 的字符小于 t 的字符，则返回-1；

② 若 s 的字符大于 t 的字符，则返回 1；

③ 若 s 的字符等于 t 的字符，则按上述规则继续比较。

(2) 当(1)中对应字符均相同时，比较 s1 和 s2 的长度：

① 当两者相等时，返回 0；

② 当 s 的长度大于 t 的长度时，返回 1；

③ 当 s 的长度小于 t 的长度时，返回-1。

参考代码如下：

```
int Strcmp(SqString s,SqString t)
{
    int i,comlen;
    if (s.len<t.len) comlen=s.len;/*求 s 和 t 的共同长度*/
    else comlen=t.len;
    for (i=0; i<comlen; i++)  /*逐个字符比较*/
```

```
        if (s.ch[i]<t.ch[i])    return -1;
        else if (s.ch[i]>t.ch[i])    return 1;
    if (s.len==t.len)              /*s==t*/
        return 0;
    else if (s.len<t.len)          /*s<t*/
        return -1;
    else  return 1;                    /*s>t*/
}
```

5.2.2　串的链式存储

　　也可以采用链式方式存储串，即用单链表形式存储串，称为链式串。链式存储采用如下结点类型定义：

```
#define ChunkSize 100
typedef struct snode
{
    char data[ChunkSize];
    struct snode *next;
} LiString;
```

　　其中，data 域用来存储组成字符串的字符串块，next 域用来指向下一个结点。每个字符串分块对应一个结点，一个这样的链表存储一个巨大的字符串，链式串如图 5-1 所示。

图 5-1　链式串

　　对于链式串的每个结点，其操作方式与顺序串相同。

　　由于链式串在实际应用中出现较少，这里就不详细介绍了，读者可以自行实现相应的操作。

5.3　串的模式匹配算法

　　设有主串 s 和子串 t，子串 t 的定位就是要在主串 s 中找到一个与子串 t 相等的子串。通常把主串 s 称为目标串，把子串 t 称为模式串，因此定位也称为模式匹配。模式匹配成功是指在目标串 s 中找到一个模式串 t，不成功则指目标串 s 中不存在模式串 t。

5.3.1　Brute-Force 算法

　　Brute-Force 算法简称 BF 算法，又称简单匹配算法，其基本思路是：从目标串 s="$s_0s_1\cdots s_{n-1}$"的第一个字符开始和模式串 t="$t_0t_1\cdots t_{m-1}$"中的第一个字符比较，若相等，则继续逐个比较后续字符；否则从目标串 s 的第二个字符开始重新与模式串 t 的第一个字符进行比较。依次类推，若从模式串 s 的第 i 个字符开始，每个字符依次和目标串 t 中的对应字符相等，则匹配成功，该算法返回 i；否则匹配失败，函数返回-1。

举例来说，设目标串 s="cddcdc"，模式串 t="cdc"。s 的长度为 $n(n=6)$，t 的长度为 $m(m=3)$。用指针 i 指示目标串 s 当前比较字符的位置，用指针 j 指示模式串 t 当前比较字符的位置。BF 算法模式匹配过程如图 5-2 所示。

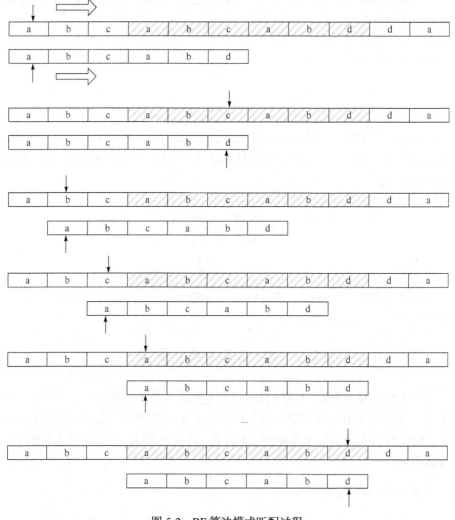

图 5-2　BF 算法模式匹配过程

示例代码如下：

```
int index(SqString s, SqString t)
{
    int i=0,j=0,k;
    while (i<s.len && j<t.len)
    {
        if (s.ch[i]==t.ch[j])    /*继续匹配下一个字符*/
        {
            i++; j++;        /*主串和子串依次匹配下一个字符*/
        }
        else   /*主串、子串指针回溯重新开始下一次匹配*/
        {
            i=i-j+1;   /*主串从下一个位置开始匹配*/
            j=0;              /*子串从头开始匹配*/
        }
    }
    if (j>=t.len)   k=i-t.len;    /*返回匹配的第一个字符的下标*/
        else   k=-1;             /*模式匹配不成功*/
    return k;
}
```

这个算法简单，易于理解，但效率不高，主要原因是：主串指针 i 在若干个字符序列比较相等后，若有一个字符比较不相等，仍需回溯（即 $i=i-j+1$）。该算法在最好情况下的时间复杂度为 $O(m)$，即主串的前 m 个字符正好等于模式串的 m 个字符。在最坏情况下的时间复杂度为 $O(n \times m)$。

5.3.2　KMP 算法

字符串匹配是一种计算机中极其常用的操作，因此吸引了许多计算机科学家来研究提高匹配效率的算法。20 世纪 70 年代，三位科学家高德纳(Donald Knuth)、莫里斯(James Morris)和普拉特(Vaughan Pratt)分别独立发现了同一种改进算法，这种算法被命名为 Knuth-Morris-Pratt 算法，简称 KMP 算法。

KMP 算法来自对简单匹配算法过程的思考，即当主串与子串的匹配过程出现对应字符不等时，是否需要返回到最初比较位置的下一个位置重新开始？能否利用之前的比较信息，让子串"向右滑动"一个较长的距离，而主串保持不动，从而减少总的比较次数？

为了后面叙述的方便，在进行进一步分析之前，先定义**失配(mismatch)**的概念。

假定主串 s 和子串 t 的逐字符匹配工作进行到了主串位置 i，子串位置 j 处开始出现不同(之前对应字符都相同)，即 $s_{i-j} \cdots s_{i-1} = t_0 \cdots t_{j-1}$ 并且 $s_i \neq t_j$，这种情况称为 s 和 t 在主串位置 i、子串位置 j 失配，如图 5-3 所示。

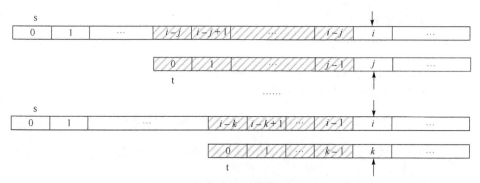

图 5-3　失配后的滑动

在简单字符串匹配算法中，一旦出现失配，则主串指针返回 $i-j+1$，继续开始匹配，若再次失配，则返回 $i-j+2$，…。失配无疑是令人失望的，但如果能乐观地看待这个问题，失配也就意味着在失配前还有一段字符串能匹配上呢(刚开始就失配的情况除外)。

如果 i 左边各个字符的匹配情况是可以从之前的匹配结果记录或推理的，那么主串指针就可以不向左返回，而是每次让子串向右滑动一定距离。于是问题来了：子串可以滑动多远？或者说之前的失配结果告诉我们一些什么可用信息？

为了找出新算法的规则，先假定这种算法是可行的，看看它必须满足什么性质。假定失配后确实可以让子串指针滑动一段距离，而主串指针在失配处 i 保持不动，从 s_i 和 t_k 处继续比较($k<j$)，这个算法显然比从头再来快多了，但是这个算法应该满足什么性质呢？

由图 5-4 可以看出，在之前失配时，主串和子串满足性质 $s_{i-j}\cdots s_{i-1}=t_0\cdots t_{j-1}$，如果滑动一段距离之后可以直接从 i 和 k 处进行比较，那么主串和子串必须满足性质 $s_{i-k}\cdots s_{i-1}=t_0\cdots t_{k-1}$。

若只看和 $t_0\cdots t_k$ 相关的这一部分，则有 $s_{i-k}\cdots s_{i-1}=t_{j-k}\cdots t_{j-1}=t_0\cdots t_{k-1}$。换句话说，如果 t 能够向前滑动一段距离，实际上是因为子串 t 在失配位置 j 之前满足 $t_{j-k}\cdots t_{j-1}=t_0\cdots t_{k-1}$，而与主串没有关系。即子串的前 k 个字符与 j 之前的 k 个字符一一对应相同，则子串可以滑动，其中前 k 个字符和后 k 个字符可以有重合的部分。而如果存在多个满足条件的 k，那么应该去最大的那个，换句话说应该尽可能滑动少的距离，以免错过可能的成功匹配。

图 5-4　KMP 算法应满足的性质

我们把这段描述写成更为规范的数学形式：假设 i、j 分别是主串和子串的失配位置，next(j)表示子串滑动后与主串位置 i 对应的开始比较位置，那么

$$next(j) = \begin{cases} -1, & j = 0 \\ \max(k), & \exists k, 0 < k < j, t_{i-k}\cdots t_{i-1} = t_0\cdots t_{k-1} \\ 0, & \text{其他情况} \end{cases}$$

其中第二种情况已经在前面进行了详细的分析，下面简单说明另外两种情况。$j=0$ 时失配，意味着子串第一个字符就与主串不同，此时需要移动主串的指针，也就根本不需要用到子串滑动值 next(0)，这里用–1 表示它无意义。另外–1 这个值还可以在编码时为我们带来一点点方便。若失配，则失配位置前的子串不存在满足 $t_{j-k}\cdots t_{j-1}= t_0\cdots t_{k-1}$ 的 k、j 也不为 0，说明之前的匹配结果对我们没有作用，此时子串指针返回开头，与主串的第 i 个字符开始进行比较，因此 next(j)=0。

根据这个定义，可以推算出下面子串"abaabcac"的各 next 值。

位置(j)	0	1	2	3	4	5	6	7
子串	a	b	a	a	b	c	a	c
next(j)	–1	0	0	1	1	2	0	1

这个对 next(j)的定义并没有直接告诉我们如何求 next(j)，但如果能够与递归联系起来，便能很自然地从上述定义导出求 next(j)的算法。

如图 5-5 所示，不妨设 next(j) = k，显然 $0<k<j$，且满足 $t_{j-k}\cdots t_{j-1}= t_0\cdots t_{k-1}$。下面看 j 位置的字符，如果 $t_j = t_k$，那么显然有 $t_{j-k}\cdots t_j= t_0\cdots t_k$，也就是说 next($j + 1$) = $k + 1$。如果 $t_i\neq t_k$，那么设 $k'=$next(k)，根据 next 的定义，k'是满足条件 $t_{j-k}\cdots t_{j-1}= t_0\cdots t_{k-1}$ 第二大 k(可用反证法证明)。如果 $t_j=t_{k'}$，那么 next($j + 1$) = $k'+ 1$；如果 $t_i\neq t_{k'}$，那么设 $k''=$next(k')，重复上述过程，直到 $k(n) = 0$。

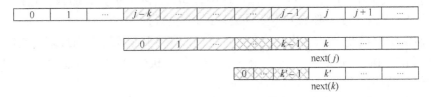

图 5-5　next(j)的递归求解

由于每个 next(j)都要算到，可以反过来从 next(1)开始递推计算，获取 next 数组的代码如下：

```
void getNext(const SqString &t, int next[]) {
    // 求模式串 t 的 next 函数值并存入数组 next。
    k =- 1;   next[0] = -1;   j = 0;
```

```
    while (j < t.len-1)
    {
        if (k == -1 || t.ch[j] == t.ch[k])
        {
            ++k;  ++j; next[j] = k;
        }
        else  k = next[k];
    }
}
```

KMP 算法的函数实现如下：

```
int KMPIndex(const SqString &s, const SqString &t)  /*KMP 算法*/
{
    int next[MaxSize],i=0,j=0,v;
    getNext(t,next);
    while (i<s.len && j<t.len)
    {
        if (j==-1 || s.ch[i]==t.ch[j])
        {
            i++;j++;
        }   /*i,j 各增 1*/
        else j=next[j];          /*i 不变,j 后退*/
    }
    if (j>=t.len)  v=i-t.len;    /*返回匹配模式串的首字符下标*/
    else  v=-1;                  /*返回不匹配标识*/
    return v;
}
```

经过这一大串的分析和代码实现，终于实现了 KMP 算法，但是还有一个很重要的问题：这个算法到底比简单匹配算法快多少？前面这些复杂的分析是否值得呢？

弄清这个问题的关键是分析 getNext 函数的时间复杂度。getNext 函数中只有一层循环 while(j < t.len − 1)，在循环体中，如果进入 if 分支，那么 j++；若进入 else 分支，则 j 不变。那么究竟这种循环最多会运行多少次呢？

假定子串长度为 m(相当于代码中的 len)，那么整个循环期间最多只能进入 if 分支 m 次，执行 m 次 j++。而在 if 分支中，每次执行 j++ 的同时也执行了 k++，因此整个循环过程中，k 最多增 1 了 m 次。

再来看一下 else 分支的情况。这个分支只有一条语句，即 k = next[k]，显然这是一个只会让 k 减小的操作。考虑到 k 从−1 开始最多增 1 了 m 次，并且无论 k 怎么减小，必须满足 k⩾−1，因此 else 这个让 k 减小的分支最多也只能执行 m 次。既然 while 循环中的 if、else 分支最多各执行 m 次，那么 getNext 函数的最差情况时间复杂度为 $O(m)$。

同样的分析方法可以用 KMPIndex 函数，假定主串的长度为 n，函数中的 while 循环最差情况时间复杂度为 $O(n)$，再加上 getNext 函数需要的 $O(m)$，KMP 算法的最坏情况时间复杂度为 $O(n+m)$，它比简单字符串匹配的时间复杂度 $O(n×m)$ 有了数量级的提高！

以上分析用到一个技巧，即某些耗时的操作不会在每次循环中都发生，而是与另一些操作的总数或平均数有关，这种技巧在算法分析领域也被称为**平摊分析** **(amortized analysis)**。

5.4 C++ STL 中字符串的用法

C++ STL 中提供了字符串这种数据结构，它的名称是 string，主要的操作有 assign(=)、append(+)、find、replace 和[]等。限于篇幅，本节不对其所有功能和实现加以详细说明，只重点介绍其中的一些常用函数及功能。

5.4.1 string 的头文件、定义与初始化

使用 STL 的 string 时，需要先引用实现 string 的头文件：
```
#include <string>
```
字符串的定义如下：
```
string s;
```
字符串的初始化方式一般为
```
string s = "abc";
```
或者
```
string s("abc");
```

5.4.2 string 的基本操作

以下是一些 string 的常用函数：
```
s.size()或s.length()          //字符串长度
s.capacity()                  //字符串最大空间
s[i]                          //获取字符串第 i 个元素
>、<、==、>=、<=、!=           //字符串比较
s.c_str()                     //将字符串转换为字符数组(以'\0'结尾)
s.substr()                    //获取字符串的子串
s.find()                      //在字符串中查找单个字符或子串
s.replace()                   //在字符串中替换某个子串为另一个子串
```
下面举一个简单的例子说明 string 的用法：
```
#include <iostream>
#include <string>
using namespace std;
```

```cpp
int main()
{
    string s1 = "abcde"; //初始化
    cout << s1 << endl;  //输出
    int i;
    //逐个字符访问
    for (i = 0; i < s1.size(); i++) {
        cout << s1[i];
    }
    cout << endl;
    string s2 = "abcdd";
    string s3 = "accde";
    cout << (s1 < s2) << endl;   //false(0)
    cout << (s1 < s3) << endl;   //true(1)
    //字符串连接
    string s4 = s1 + s2 + s3;
    cout << s4 << endl;
    //转换成字符串数组，以'\0'结尾
    const char *str = s1.c_str();
    while (*str != '\0') {
        cout << *str++;
    }
    cout << endl;
    //获取s1从第2个字符(从0开始计数)开始的长度为3的子串
    cout << s1.substr(2, 3) << endl;
    //查找s1中子串"cd"出现的位置
    cout << s1.find("cd") << endl;
    //查找s1中子串"ee"出现的位置
    cout << s1.find("ee") << endl;
    //string类有一个名为npos的特殊整数，find返回该值时表示没找到
    if (s1.find("ee") != s1.npos) cout << "found" << endl;
    else cout << "not found" << endl;
    //将s1从第1个字符开始长度为3的子串替换为BCD，s1被改变，
    //同时将替换后的s1返回
    string s5 = s1.replace(1, 3, "BCD");
    cout << s5 << endl;
    cout << s1 << endl;
    //查找到s1中子串"CD"的位置，从该位置起将长度为2的子串替换为cd
    string s6 = s1.replace(s1.find("CD"), 2, "cd");
    cout << s6 << endl;
    return 0;
}
```

5.5　信息学竞赛中字符串的应用

例 5-3　分割平衡字符串。

假定字符串中只包含 a 和 b，如果串中 a 和 b 的数量是相同的，那么称这个串为"平衡字符串"。给你一个平衡字符串 s，请将它分割成尽可能多的平衡字符串。返回可以通过分割得到的平衡字符串的最大数量。

示例：

输入：

abaabbabab

输出：

4

示例说明：

字符串可以分割为 ab、aabb、ab、ab，每个字符串中都包含相同数量的 a 和 b。

输入：

bbbaaa

输出：

1

示例说明：

不能分割，只能保持原串。

把 a 看成 1，b 看成 –1，不停累加，当累加和为 0 时，即 a、b 数量相等，此处可以进行分割。参考代码如下：

```cpp
#include <iostream>
#include <string>
using namespace std;

int main()
{
    string s;
    cin >> s;
    int blance = 0, ans = 0;
    for(int i = 0; i < s.size(); i++) {
        if( s[i] == 'a')
            blance++;
        else
            blance--;
        if (blance == 0)
            ans++;
    }
```

```
    cout << ans << endl;
    return 0;
}
```

例 5-4　单词拆分。

给定一个字符串 s 和一个单词列表 v，判定 s 是否可以被拆分为一个或多个在字典中出现的单词。拆分时可以重复使用字典中的单词，且字典中没有重复的单词。

输入格式：

第一行为字符串 s，第二行为 v 的单词个数，以后每行输入 v 的一个单词。

输出格式：

1 或 0，表示可以拆分或不能拆分。

示例 1：

输入：

helloworldhello

2

hello

world

输出：

1

示例 2：

输入：

hellworld

2

hello

world

输出：

0

可采用递归回溯的方法。遍历单词列表 v 中的单词，对于每个单词，看它是否与字符串从头开始的同等长度的内容一致，若一致，则将字符串的开头指针移动单词长度后，再递归地调用该判定过程，如此往复直到字符串 s 全部被匹配上，此时字符串长度为 0。若循环结束后仍然未找到任何完全匹配的单词组合，则表示匹配失败。参考代码如下：

```
#include <iostream>
#include <string>
#include <vector>
using namespace std;
```

```
string s;
vector<string> v;

bool check(string s) {
    if (s.size() == 0) return 1;
    for (int i = 0; i < v.size(); i++) {
        if (s.substr(0, v[i].size()) == v[i]) {
            if (check(s.substr(v[i].size()))) {
                return 1;
            }
        }
    }
    return 0;
}

int main()
{
    cin >> s;
    int n;
    cin >> n;
    for (int i = 0; i < n; i++) {
        string str;
        cin >> str;
        v.push_back(str);
    }
    cout << check(s) << endl;
    return 0;
}
```

习　题

填空题

1. C++ STL 的字符串变量 s = "abcdefgh", s.substr(5) = _____, s.substr(3, 5)= _____。

简答题

2. 为什么有了 C 语言的 char str[]这样的字符数组以及<string.h>库函数，C++ STL 还要提供 string 类?

3. 最长公共前缀字符串。

有一组字符串，找出这组字符串的最长公共前缀字符串。

输入格式:

第一行为字符串个数，以后每行输入一个字符串。

输出格式：

最长公共前缀字符串。

示例：

输入：

3

brown

branch

bright

输出：

br

4. 验证回文字符串。

回文字符串指正序和倒序相同的字符串，如 aba、tsrrst 等。不满足该条件的就不是回文字符串，如 abca、tsoq 等。

给定一个字符串 s，要求验证最多删除 1 个字符 s 是否可以变成回文字符串(如果 s 本身是回文字符串也可以，此时删除字符为 0 个)。

输入格式：

字符串 s。

输出格式：

1 或 0，表示可以变成回文字符串或不能。

示例1：

输入：

　aba

输出：

　1

示例2：

输入：

　abca

输出：

　1

示例3：

输入：

　abaca

输出：

　0

第6章 树

之前各章介绍的数据结构从广义上讲都属于线性结构，从本章开始，将学习一种非线性的数据结构——**树(tree)**。树在计算机各个领域的应用非常广泛，操作系统用树来组织文件系统，编译器用树来进行语法解释，数据库软件用树存储索引以实现高速查询，数据挖掘领域使用决策树进行分类预测等。不仅如此，树还可以帮助人们理解算法和进行算法分析，例如，可以用树结构描述和分析递归求解问题的步骤，也可以使用递归树来分析算法的时间复杂度。

6.1 树的基本概念

首先利用图 6-1，直观说明树结构的特点，再给出树的严格定义。图示中的圆圈称为**结点**，用于存储数据，图示中的线段表示结点间的逻辑关系，称为**分支或边**。之所以把一种数据结构定义为树，是因为它和树这种植物的结构具有相似的特点。图 6-1 中的树结构，如果上下颠倒过来看，则如同一棵枝繁叶茂的大树，最上面的结点 A 是这个树的根，称为**根结点**，根结点是唯一的。最下面那些没有分支的结点称为**叶子结点**或者**终端结点**，图中 K、L、F、G、M、I 和 J 都是叶子结点。除根结点和叶子结点以外的其他结点统称为**分支结点**。考虑 B、E、F、K和 L 这五个结点，如果把 B 看成它们的根结点，那么 B、E、F、K 和 L 也构成一棵树，这棵树属于以 A 为根结点的树，并且 B 和 A 有分支直接相连，这种情况下，把 B 称为 A 的**子树(subtree)**。类似地，C 和 G 也是 A 的子树，D、H、I、J和 M 也是 A 的子树。

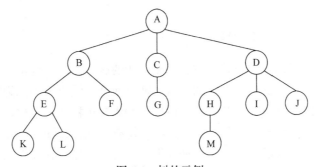

图 6-1　树的示例

下面给出一个稍微严格一些的定义，这个定义是递归的。

树是 $n(n \geq 0)$ 个结点组成的有限集合。当 $n=0$ 时，该集合称为空树。当 $n=1$ 时，该集合内唯一的结点称为根结点。当 $n>1$ 时，其余各结点可以分为 $m(m>0)$ 个互不相交的有限集合 T_1，T_2，…，T_m，其中每个集合本身是一棵树，并且称为根结点的子树。

结点拥有的子树个数称为结点的**度(degree)**。图示中，结点 A 有 3 棵子树，所以 A 的度为 3，E 有 2 棵子树，所以 E 的度为 2。

因为树的方向性，可以为树定义从属关系。结点的子树的根结点称为结点的**孩子结点**或简称**子结点(child)**，相应地，该结点称为子结点的**双亲结点**或简称**父结点(parent)**。同一个父结点的子结点间为**兄弟(sibling)**关系。结点的**祖先结点(ancestor)**是从根结点到该结点所经过的分支上所有的结点，或者说是结点的祖先包括结点的父结点、父结点的父结点，以及父结点的父结点的父结点等。反之，以某个结点为根结点的子树中的任意一个结点都称为该结点的**子孙结点(descendant)**。在图示中，B、C、D 是 A 的子结点，A 是 B、C、D 的父结点；B、C、D 是兄弟结点；A、B、E 都是 K 的祖先结点，K 是 A、B、E 的子孙结点。

如果把根结点看成树的第 1 层，根结点的子结点看成第 2 层，子结点的子结点看成第 3 层，以此类推，树中结点的最大层次数称为树的**深度(depth)**或**高度(height)**。图示中的树共有 4 层，所以其深度为 4。父结点处于同一层的结点称为**堂兄弟(cousin)**关系。在图示中，E、G、H 为堂兄弟关系。

如果把树中各个结点的子树看成从左到右有次序关系，不能互换，则称这种树为**有序树**，否则称为**无序树**。多棵互不相交的树构成的集合称为**森林(forest)**。

6.2 二 叉 树

相对于线性结构，树结构比较复杂，下面先从最简单的树结构——二叉树学起。

6.2.1 二叉树的基本概念与性质

二叉树是任意结点的子结点数目不超过 2 的有序树。因为每个结点最多只有两个子结点，并且二叉树是有序的，所以把这两个子结点分别称为**左子结点**和**右子结点**，以这两个结点为根结点的子树分别称为**左子树**和**右子树**。

对于任意一个结点，它的左子树和右子树有可能出现图 6-2 的 4 种情况。

有两种特殊形式的二叉树，一种称为满二叉树，另一种称为完全二叉树，如图 6-3 所示。

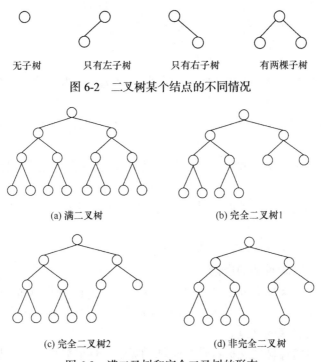

图 6-2　二叉树某个结点的不同情况

(a) 满二叉树　　　　　　　　　　(b) 完全二叉树1

(c) 完全二叉树2　　　　　　　　　(d) 非完全二叉树

图 6-3　满二叉树和完全二叉树的形态

一个高度为 n 的二叉树，如果它的第 $n-1$ 层的所有结点都有两个子结点，那么这种二叉树称为**满二叉树**。一个深度为 n 的二叉树，对它的第 $n-1$ 层结点从左到右依次编号，如果其中前 $m(m \geqslant 0)$ 个结点都有两个子结点，第 $m+1$ 个结点有左子结点或者没有子结点，第 $m+2$ 及以后的结点没有子结点，那么这种二叉树称为**完全二叉树**。

根据二叉树的结构特点，可以得出二叉树具有以下一些基本性质(以下所述二叉树的第 i 层，i 都从 1 开始计数)。

性质 1　二叉树的第 i 层最多有 2^{i-1} 个结点。

证明　用数学归纳法证明。当 $i=1$ 时，二叉树只有一个根结点，显然 $2^{i-1}=2^0=1$，命题成立。

假定对所有的 j，$1 \leqslant j < i$，命题成立，那么当 $j=i$ 时，根据假定，第 $i-1$ 层最多有 2^{i-2} 个结点，而二叉树的每个结点最多有两个子结点，所以第 i 层最多有 $2 \times 2^{i-2}=2^{i-1}$ 个结点，命题成立。

性质 2　高度为 k 的二叉树最多有 2^k-1 个结点。

证明　由性质 1，高度为 k 的二叉树的最大结点树不超过它每一层的最大结点数之和：

$$\sum_{i=1}^{k} 2^{i-1} = 2^k - 1$$

故命题成立。

性质 3　如果一棵二叉树的叶子结点个数为 n_0，度为 2 的结点个数为 n_2，那么 $n_0 = n_2 + 1$。

证明　设 n_1 为二叉树中度为 1 的结点个数，那么二叉树的结点总数为 $n = n_0 + n_1 + n_2$。

根据二叉树的定义，除根结点，每个结点有且仅有一个连接自己父结点的分支。设二叉树的分支个数为 m，那么 $m = n - 1 = n_0 + n_1 + n_2 - 1$。

根据二叉树的定义，除叶子结点，每个结点有一个或者两个连接子结点的分支，于是 $m = n_1 + 2n_2$。

于是 $n_0 + n_1 + n_2 - 1 = n_1 + 2n_2$，即 $n_0 = n_2 + 1$。

性质 3 还有一个重要的推论。

推论　如果二叉树有 n 个叶子结点，那么它至少有 $2n-1$ 个结点。

这个推论证明非常简单，当二叉树没有度为 1 的结点时，它就会有 $2n-1$ 个结点，否则会有更多的结点。

如何用计算机存储二叉树这种逻辑结构呢？一种最简单的方式是先对二叉树所有可能存在结点的"插槽位置"从上到下、从左到右进行编号，然后用一个数组来表示这些插槽，并将实际有数据的那些结点存入数组对应编号的位置，如图 6-4 所示。

这种方法的缺点是显而易见的：浪费大量的存储空间。例如，数组的第 3、第 5 项，虽然没有数据，也必须留出插槽位置。如果不在数组中预留位置，那么只根据计算机中存储的这个数组，不可能恢复二叉树的逻辑结构。树的高度越大，结点越稀疏，空间浪费就越明显。但是对于满二叉树和完全二叉树，由于结点是按照这种编号顺序从小到大密集存储的，因此不会浪费空间。

为了能够有效地使用存储空间，使用如下方式保存二叉树：

```cpp
template <typename T>
struct Node {
    T data;              //存储的实际内容
    Node* left;          //左子结点指针
    Node* right;         //右子结点指针
};
```

其中，data 表示实际内容，left 表示结点的左子结点指针，right 表示结点的右子结点指针。与链表类似，若结点的左子结点或者右子结点不存在，则将其 left 或者 right 设置为 NULL。

根据实际情况，也可以不采用模板，直接按照实际存储的数据类型进行定义，例如：

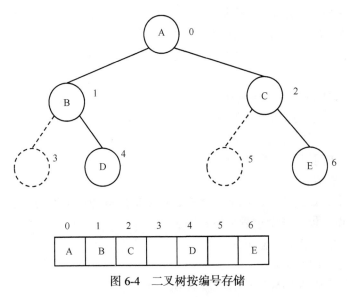

图 6-4 二叉树按编号存储

```
struct Node {
    char data;
    Node* left;
    Node* right;
};
```

对于二叉树，只要保存了树的根结点，就可以顺着左右子结点找到该树的所有其他结点，因此可以用根结点来表示一棵二叉树。

与单链表类似，二叉树由于结构和操作比较简单，在 C++ STL 中没有对应的类，应用中一般都是根据需要进行定义，为了便于读者理解，在本节中不打算使用模板类，而是采用直接按存储数据类型的定义方法实现。

6.2.2 二叉树遍历

1. 递归遍历

有时需要用**遍历**的方式访问二叉树。遍历，就是访问二叉树的所有结点且每个结点只访问一次。在之前所学的线性结构中，遍历是非常容易的，但对于二叉树这种非线性结构，如何进行遍历是需要注意的问题。

二叉树的遍历方式共有三种，即前序遍历、中序遍历、后序遍历，这三种遍历方式都是用递归定义的。

(1) 前序遍历，又称先序遍历，遍历方式如下：

① 访问根结点;

② 前序访问根结点的左子树;

③ 前序访问根结点的右子树。

(2) 中序遍历,遍历方式如下:

① 中序访问根结点的左子树;

② 访问根结点;

③ 中序访问根结点的右子树。

(3) 后序遍历,遍历方式如下:

① 后序访问根结点的左子树;

② 后序访问根结点的右子树;

③ 访问根结点。

举例来说,如图 6-5 所示的二叉树,如果前序遍历并依次输出遍历过程中访问的每个结点,那么整个过程如下:

(1) 访问根结点 A,**输出 A**;

(2) 访问 A 的左子树 B;

(3) 访问子树 B 的根结点 B,**输出 B**;

(4) 访问子树 B 的左子树 D;

(5) 访问子树 D 的根结点 D,**输出 D**;

(6) 访问子树 D 的左子树,不存在;

(7) 访问子树 D 的右子树,不存在,完成 D 的访问;

(8) 访问子树 B 的右子树 E;

(9) 访问子树 E 的根结点 E,**输出 E**;

(10) 访问子树 E 的左子树,不存在;

(11) 访问子树 E 的右子树,不存在,完成 E 的访问;

(12) 完成子树 B 的访问;

(13) 访问 A 的右子树 C;

(14) 访问子树 C 的根结点 C,**输出 C**;

(15) 访问子树 C 的左子树,不存在;

(16) 访问子树 C 的右子树 F;

(17) 访问子树 F 的根结点 F,**输出 F**;

(18) 访问子树 F 的左右子树,不存在,完成 F 的访问;

(19) 完成子树 C 的访问;

(20) 完成 A 的访问。

因此,前序遍历该二叉树的顺序是:ABDECF。

中序遍历的顺序如下：

(1) 访问根结点 A 的左子树 B；

(2) 访问子树 B 的左子树 D；

(3) 访问子树 D 的左子树，不存在；

(4) 访问子树 D 的根结点 D，**输出 D**；

(5) 访问子树 D 的右子树，不存在，完成 D 的访问；

(6) 访问子树 B 的根结点 B，**输出 B**；

(7) 访问子树 B 的右子树 E；

(8) 访问子树 E 的左子树，不存在；

(9) 访问子树 E 的根结点 E，**输出 E**；

(10) 访问子树 E 的右子树，不存在，完成 E 的访问；

(11) 完成子树 B 的访问；

(12) 访问根结点 A，**输出 A**；

(13) 访问根结点 A 的右子树 C；

(14) 访问子树 C 的左子树，不存在；

(15) 访问子树 C 的根结点 C，**输出 C**；

(16) 访问子树 C 的右子树 F；

(17) 访问子树 F 的左子树，不存在，访问子树 F 的根结点 F，**输出 F**，访问子树 F 的右子树，不存在，完成 F 的访问；

(18) 完成子树 C 的访问；

(19) 完成 A 的访问。

因此，中序遍历的顺序是：DBEACF。

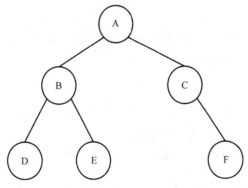

图 6-5　二叉树的形状

类似地，后序遍历该二叉树的顺序是：DEBFCA。

只要按照上面的描述，可以非常轻松地实现二叉树前序遍历：

```
void preorderTraverse(Node *root) {
    if (root != NULL) {
        cout << root->data << " ";
        preorderTraverse(root->left);
        preorderTraverse(root->right);
    }
}
```

前序遍历的过程也可以做其他的操作,如进行结点的数目统计等功能,而不一定只是进行输出结点内容的操作,所以也可以用函数指针来定义前序遍历:

```
void preorderTraverse(Node *root, void (*visit)(Node* p)) {
    if (root != NULL) {
        visit(root);
        preorderTraverse(root->left, visit);
        preorderTraverse(root->right, visit);
    }
}
```

如果想在遍历到每个结点时输出结点内容,那么可以定义输出结点内容的操作:

```
void printNode(Node* p) {
    cout << p->data << " ";
}
```

最终调用遍历二叉树的结点并输出时,写为

```
preorderTraverse(root, printNode);
```

就行了。

如果需要统计二叉树的结点个数,那么只需要定义统计结点个数的函数:

```
int i;
void countNode(Node* p) {
    i++;
}
```

其中 i 为全局变量。不需要修改遍历函数 preorderTraverse,只要将传入的参数由 printNode 改成 countNode 即可:

```
preorderTraverse(root, countNode);
cout << i << end;
```

为了测试二叉树前序遍历的正确性,可以先用比较笨的办法创建一个测试树,这个测试树与图 6-5 的树结构相同:

```
//创建一个存储字符 c 的结点,左右子树均设置为空值
Node* crtNode(char c) {
    Node *n = new Node();
    n->data = c;
    n->left = NULL;
    n->right = NULL;
    return n;
```

```
    }
//创建测试树，返回根结点
Node* crtSimpleTree() {
    Node *a = crtNode('A');
    Node *b = crtNode('B');
    Node *c = crtNode('C');
    Node *d = crtNode('D');
    Node *e = crtNode('E');
    Node *f = crtNode('F');
    a->left = b;
    a->right = c;
    b->left = d;
    b->right = e;
    c->right = f;
    return a;
}
int main() {
    Node* root = crtSimpleTree();
    preorderTraverse(root);
    cout << endl;
}
```

　根据定义，只要稍微修改前序遍历的代码，便可以得到中序遍历和后序遍历的代码：

```
//中序遍历
void inorderTraverse(Node *root, void (*visit)(Node* p)) {
    if (root != NULL) {
        inorderTraverse(root->left, visit);
        visit(root);
        inorderTraverse(root->right);
    }
}
//后序遍历
void postorderTraverse(Node *root, void (*visit)(Node* p)) {
    if (root != NULL) {
        postorderTraverse(root->left);
        postorderTraverse(root->right);
        visit(root);
    }
}
```

　遍历是二叉树各种操作的基础，实际上也可以利用遍历来创建二叉树，以下是根据用户输入的前序遍历顺序，自动创建二叉树的算法：

```
void crtTree(Node* &root) {
    char c;
    cin.get(c);
```

```
    if (c == ' ') {
        root = NULL;
    } else {
        root = new Node();
        root->data = c;
        crtTree(root->left);
        crtTree(root->right);
    }
}
```

由于使用了递归函数的性质，这个函数与 crtSimpleTree 函数用法稍有不同，现在可以用已经被测试确认正确的 preorderTraverse 函数来测试 crtTree 函数的正确性：

```
Node* root;
crtTree(root);
preorderTraverse(root);
printf("\n");
```

这个过程中必须输入"完整"的前序遍历结果，否则算法无法判断树的结构。例如，如果想要创建一个只有根结点 A 的树，需要输入"A□□↙"(为了使读者容易看清，用□表示空格，↙表示回车)，其中两个□分别表示 A 的左子结点和右子结点均为空。如果想要动态创建之前示例中的二叉树，需要输入"ABD□□E□□C□F□□↙"。

另外需要注意 crtTree 函数的两个细节：

(1) crtTree 函数中要使用 cin.get()获取单个输入字符，不要使用 cin≫c，因为 cin≫是自动忽略空格的。

(2) crtTree 函数的参数 root 前面有&符号，因为函数中修改了 root 的值(root = new Node()及 root = NULL)。

在结束二叉树递归遍历这一小节前，举一个例子来检测一下读者对二叉树遍历的掌握情况。已知二叉树的前序遍历和中序遍历输出结果(与上面构造二叉树的例子不同，这个结果是不含空格的)，请构造对应的二叉树。

例 6-1　已知二叉树的前序序列和中序序列，构造二叉树。

已知二叉树的前序遍历输出是 ABCDEFG，中序遍历输出是 CBEDAFG，那么这棵二叉树应该是什么样的？

从前序遍历输出可以看出，第一个输出结果 A 必定是二叉树的根结点，但 B 不一定就是 A 的左子结点，因为有可能 A 的左子树为空，所有其他结点都是 A 的右子树上的结点。此时必须对照中序遍历的输出。因为中序遍历的过程是"左子树—根结点—右子树"，因此中序遍历输出 A 之前的部分都是 A 的左子树，A 之后的部分都是 A 的右子树，所以对照前序遍历和中序遍历的输出，就可以把这棵树的初步形态划分出来，如图 6-6 所示。

接下来，继续对左子树 BCDE 和右子树 FG 分别重复上述过程。

　　因为前序遍历输出 BCDE 这部分子树时，B 首先出现，所以 B 是此子树的根结点，然后对比中序遍历输出可知，C 属于 B 的左子树，DE 属于 B 的右子树。因为 B 的左子树只剩 C 这一个结点，所以 C 是 B 的左子结点，如图 6-7 所示。

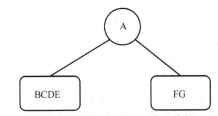

图 6-6　根据前序遍历和中序遍历输出分析二叉树结构

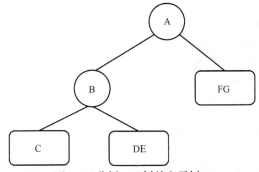

图 6-7　分析二叉树的左子树 B

　　再分析子树 DE，因为前序遍历 D 在前面，因此 D 是子树 DE 的根结点，中序遍历输出中 E 在 D 前，因此 E 是 D 的左子结点。

　　最后分析子树 FG，因为前序遍历 F 在 G 前，因此 F 是子树根结点，中序遍历 F 也在 G 前，因此 G 是 F 的右子结点。

　　至此，所有结点都被分开。最后画出二叉树的结构如图 6-8 所示。

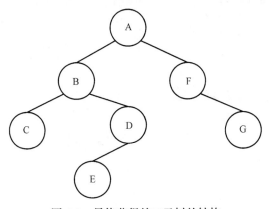

图 6-8　最终获得的二叉树的结构

2. 非递归遍历

二叉树遍历方式虽然是按照递归的方式定义的，但也可以按照非递归方式遍历二叉树。在第 3 章栈与队列一章中已经学习过，递归实际上是通过栈来实现的，所以也可以用栈通过循环实现二叉树的遍历。下面以前序遍历为例分析栈实现二叉树遍历的过程。

在递归方式前序遍历时，总是先访问根结点，然后访问根结点的左子树 L，此时右子树 R 被暂时保存起来，对于左子树 L，总是也按照 L 的根结点、左子树和右子树的顺序进行访问的。如果用栈来保存，因为栈是先进后出的，所以保存的顺序是先保存 R，后保存 L，这样访问时就会先访问 L，后访问 R。可以得到如下算法步骤：

把根结点压入栈 S 中。

开始一个循环直至栈为空：

从 S 中弹出一个结点 N。

如果 N 不为空：

访问 N。

将 N 的右子树压入 S。

将 N 的左子树压入 S。

根据以上步骤可以写出非递归前序遍历二叉树的代码：

```
void traverseNoRec(Node* root, void (*visit)(Node* p)) {
    stack<Node*> s;
    s.push(root);
    while (!s.empty()) {
        Node* p = s.top();
        s.pop();
        if (p != NULL) {
            visit(p);
            s.push(p->right);
            s.push(p->left);
        }
    }
}
```

中序和后序访问二叉树的代码请读者自行完成。

6.3　哈夫曼树

6.3.1　变长编码

我们知道，计算机使用 0 和 1 来表示任意数据，包括字符、图像、声音、网页和视频等。将这些数据转换成计算机能够理解，即能够存储、读取、显示和传输的规则，称为编码规则。根据不同类型数据的特点，需要制定不同的规则。

本节介绍如何使用美国信息交换标准代码(American Standard Code for Information Intercharge，ASCII)码来表示英文字符、数字和常用标点符号，以及用 Unicode 编码来表示世界各国不同文字的字符。

对于图像信息，首先把世界上所有的颜色分解成红(red)、绿(green)、蓝(blue)三原色，每种颜色对应不同的值(R、G、B)。将一幅图像从左上角到右下角逐行逐列采集像素点，各像素点的 RGB 值顺序连接起来，就构成了整幅图像在计算机中的表示。像素点采集越密集，分辨率越高，图像看起来越逼真。

对于视频，可以每秒钟采集若干幅图像(根据生物学研究，一秒钟人眼接收图像超过 30 帧就基本感觉不到卡顿了)，将这些采集到的图像连接起来，就构成了视频在计算机中的表示。

其他各种数据也都是用类似的方式来进行编码的。但是这种直观的编码方式实际上存在一定的冗余，在进行数据存储和传输的过程中，我们希望能减少数据的冗余，或者说对数据进行压缩。这就需要对数据的编码方式进行分析，看看究竟是什么带来了冗余，以便能够有针对性地设计压缩算法。

最常见的数据编码方式是**定长编码**，即每种符号采用固定长度的二进制数据进行编码。以 ASCII 码为例，它用 8 位二进制数表示一个字符，如"A"表示成"01000001"，ASCII 码最多可以表示 256 种符号。这种表示方法简单方便，但假如需要制定一种能够表示 256 种符号的二进制编码，ASCII 码明显不是最节省空间的，因为它没有使用那些长度小于 8 位的编码来表示任何字符，如果使用这些长度为 1,2,…,7 位的二进制数，显然可以节省一些空间。这种采用不同长度二进制表示符号的编码方法称为**变长编码**。

使用变长编码时，由于每个符号采用的编码长度不同，必须有一种准确描述编码效率的衡量手段，这就是平均编码长度。设符号集为 X，其中符号 x 出现的概率为 $p(x)$，x 的编码长度为 $L(x)$，那么符号集的平均编码长度为

$$L_c = \sum_{x \in X} p(x) L(x)$$

举例来说，假定符号集中包括四种符号{a, b, c, d}，其编码和出现频率如表 6-1 所示。

表 6-1 编码和出现频率

符号	编码	出现频率
a	0	40
b	1	40

续表

符号	编码	出现频率
c	00	10
d	11	10

这个符号集的平均编码长度为 $1 \times 0.4 + 1 \times 0.4 + 2 \times 0.1 + 2 \times 0.1 = 1.2$。而如果采用定长编码,4 个符号至少需要 2 位二进制来表示,平均编码长度为 2。也就是说,对于这个符号集,上述变长编码平均每个符号比定长编码短 0.8 位。如果是由这个符号集组成的一个几百兆字节的文件,采用这种编码就可以节省不少空间。

从平均编码长度的计算公式中可以看出,符号集中的元素越多(编码长度越长),各个符号出现的概率差越大,使用变长编码能够节省的空间越多。以英文字符为例,实际使用的英语中每个英文字符出现的概率是不同的,元音通常比辅音出现的概率大。根据对大量英语资料中各个字符出现概率的统计,出现概率最大的字母 e 是出现概率最小的字母 z 的 105 倍。

不过像上面那个{a,b,c,d}的例子,直接按照符号出现概率由短到长分配编码的方式是行不通的,因为这个编码方式**不是唯一可解码**,即编码之后的内容恢复为原始符号会出现歧义。以这个编码方式为例,如果拿到了按照这种编码压缩后的结果"0011",那么它的原始符号串是"aabb"还是"aad",又或者是"cbb"?

计算机学家哈夫曼(David A. Huffman)发明了一种利用二叉树构建编码的算法,可以保证为已知出现概率的符号集制定唯一可解码,并且出现概率越大的符号分配到的编码长度越短。

6.3.2　哈夫曼树与哈夫曼编码

假定符号集中存在 m 个符号$\{s_1, \cdots, s_m\}$,已知每个符号的权值(概率)分别为$\{w_1, \cdots, w_m\}$。为这个符号集构造哈夫曼树和哈夫曼编码的过程如下:

(1) 构造 m 棵只有根结点的二叉树,分别对应 m 个符号。将这 m 棵构成的森林记为 $F = \{T_1, \cdots, T_m\}$,其中树 T_i 的根结点的符号为 s_i,权值为 w_i。

(2) 在森林 F 中选取两棵根结点权值最小的二叉树,不妨设其为 T_a 和 T_b,将 T_a 和 T_b 作为左右子树构造一棵新的二叉树 T_c,T_c 的根结点的权值为 T_a 和 T_b 根结点权值之和。

(3) 从 F 中删除 T_a 和 T_b,并将 T_c 添加到 F。

(4) 重复以上步骤(2)和(3),直到 F 中只剩一棵树。

(5) 从根结点到叶子结点的路径上,每个左分支编为 0,每个右分支编为 1。

每个符号的哈夫曼编码为从根结点到该符号所在的结点路径上所有分支的编码(0或 1)的依序连接。

下面举例说明上述算法。

如表 6-2 所示，假定字符集共有 a、b、c、d、e 五个字符，出现频率分别为 2、4、2、1、1。

表 6-2　字符和出现频率

字符	a	b	c	d	e
出现频率	2	4	2	1	1

哈夫曼树的构造过程如下：

(1) 如图 6-9 所示，将每个字符构造为根结点，各个结点都在共同森林 F，每个结点的权值为其频率。

图 6-9　哈夫曼树构造过程 1

(2) 如图 6-10 所示，从 F 中选出两个出现频率最小的根结点，即 d 和 e，它们的频率都是 1。构造一个新结点，其左右子树分别为 d 和 e，其权值为 1+1=2。为了叙述方便，不妨把这个新结点称为 d+e。将 d 和 e 从 F 中删除，将 d+e 添加到 F。

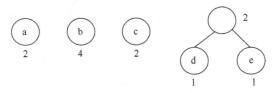

图 6-10　哈夫曼树构造过程 2

(3) 如图 6-11 所示，从 F 中继续选择两个频率最小的根结点，此时可以选择 a 和 c、a 和 d+e，或者 c 和 d+e，因为它们的频率都是 2。不妨选择 a 和 c。构造新结点 a+c，其权值为 2+2=4。

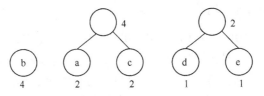

图 6-11　哈夫曼树构造过程 3

(4) 如图 6-12 所示，从 F 中继续选择两个频率最小的根结点，此时可以选择 b 和 d+e，也可以选择 a+c 和 d+e，因为它们的频率都是 4 和 2。不妨选择 a+c 和 d+e，其权值为 4+2=6。

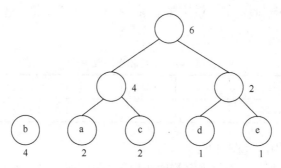

图 6-12　哈夫曼树构造过程 4

(5) 如图 6-13 所示，此时只剩两个根结点 b 和 a+c+d+e，选择它们构造最终的根结点，其权值为 10。哈夫曼树构建完成。

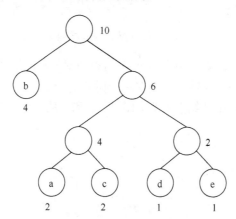

图 6-13　哈夫曼树构造过程 5

(6) 如图 6-14 所示，最后为哈夫曼树的每个左分支编号 0，右分支编号 1，从根结点开始到每个叶子结点的路径上经过的编号连接起来，就是该叶子结点对应符号的哈夫曼编码。

上述哈夫曼编码的平均编码长度为

$$3×(2/10)+1×(4/10)+3×(2/10)+3×(1/10)+3×(1/10)=2.2$$

哈夫曼算法为什么是正确的呢？这里只给出一个比较直观的解释。

一方面，哈夫曼算法满足了为频率低的符号分配更长编码的要求。从算法中可以看到，每次优先选择的那些频率较低的结点，意味着最后构造出的二叉树

中，根结点距离频率低的结点的路径更长，因此频率低的结点会被分配到比较
长的编码。

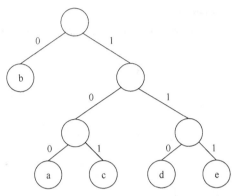

符号	编码
a	100
b	0
c	101
d	110
e	111

图 6-14　哈夫曼编码

　　另一方面，这个编码也是唯一可解码。对拿到的已经编码的二进制数据，从哈夫曼树的根结点开始对数据进行解读。如果当前读到的位为 0，就进入左分支，如果读到 1，就进入右分支，如果已经访问到树的叶子结点，就输出叶子结点对应的字符，并回到根结点处继续解读编码。显然，按照这种解码方式，不可能出现歧义。

　　另外需要补充说明的是，哈夫曼树的形态是不唯一的。稍加留心的话就会注意到，在上述哈夫曼树构造的例子中，哈夫曼树并不限定取出的两个最小频率的根结点，哪个做左子树，哪个做右子树，而且在选择两个最小频率根结点时，可能存在多种不同的选择。因此，对于一个字符集，可能存在多种不同的哈夫曼编码方式，而这些哈夫曼编码的平均编码长度是相同的。在某些特定应用中，会对哈夫曼编码的结点选择进行进一步的规范，以避免出现不同构造的情况。

　　下面具体看看如何编写根据字符频率表构造哈夫曼树的代码。这里的重点是如何处理每次将森林中频率最小的两项取出、合并以及放回森林的过程。显然，这个过程可以用到之前学过的优先级队列，队列中的数据元素是森林中的根结点，而取出和放回根结点的过程对应于出队和入队。确定了这个关键数据结构之后，构造哈夫曼树的代码基本上就是按照上面的步骤逐条翻译的工作了。

　　首先定义哈夫曼树的结点类型：

```
struct Node {
    char c;
    int freq;
    Node* left;
    Node* right;
```

```
    Node(char _c, int _freq) : c(_c), freq(_freq), left(NULL),
right(NULL){};
  };
```

其中 c 表示字符，freq 表示字符的频率。

接下来定义该结点类型在优先级队列中的比较关系，频率越低优先级越高：

```
struct cmp {
    bool operator() (Node* a,Node* b){
        return a->freq > b->freq;
    }
};
```

构造哈夫曼树的函数接收两个参数，分别是保存字符的顺序表 vc 和保存字符对应频率的顺序表 vf，例如：

```
vector<char> vc = {'a', 'b', 'c', 'd', 'e'};
vector<int> vf = {2, 4, 2, 1, 1};
```

哈夫曼函数按照前述步骤构建，并返回建好的哈夫曼树根结点：

```
Node* huffman(vector<char> vc, vector<int> vf) {
//初始化结点并送入优先级队列
    priority_queue<Node*, vector<Node*>, cmp> q;
    int i;
    Node* n;
    for (i = 0; i < vc.size(); i++) {
        n = new Node(vc[i], vf[i]);
        q.push(n);
    }
    //按最小频率原则构造哈夫曼树
    while (q.size() > 1) {
        Node* n1 = q.top();
        q.pop();
        Node* n2 = q.top();
        q.pop();
        n = new Node(' ', n1->freq + n2->freq);
        n->left = n1;
        n->right = n2;
        q.push(n);
    }
    //返回哈夫曼树根结点
    Node* root = q.top();
    q.pop();
    return root;
}
```

简单采用前序遍历等方法是无法验证创建的哈夫曼树是否正确的，为了将每个分支上的 0 和 1 读出来并保存为编码，需要再写一段输出每个叶子结点(字符)的路径(哈夫曼编码)的程序：

```
vector<char> code;  //缓存单个字符的编码
void printCode(Node *root) {
    if (root->left == NULL && root->right == NULL) {
        printf("symbol %c, freq: %d, code:", root->c, root->freq);
        for (int i = 0; i < code.size(); i++) {
            cout << code[i];
        }
        cout << endl;
        return;
    }
    if (root->left != NULL) {
        code.push_back('0');
        printCode(root->left);
        code.pop_back();
    }
    if (root->right != NULL) {
        code.push_back('1');
        printCode(root->right);
        code.pop_back();
    }
}
```

这里用到的基本思想还是前序遍历,只不过需要把当前访问结点经过的路径(左子树为 0、右子树为 1)依次保存在顺序表 code 中。

输出结果后,读者可以自己验证一下该编码是不是平均编码长度最小的形式之一。

6.4　树 与 森 林

6.4.1　树与森林的表示方法

前面学习了如何用带有两个指针的结构体来表示和操作二叉树,但是对于一棵任意的树或多棵树组成的森林,无法像对待二叉树那样设置 left 和 right,树的结点可能有任意多个子结点,这种情况下只能采取以下一些方式来表示。

1. 双亲表示法

使用数组来存储树,数组的每个元素是一个结点,用一个结构体表示。该结构体由两项内容组成:结点存储的数据以及结点的父结点在数组中的位置(一个整数)。由于根结点没有父结点,因此根结点的父结点位置设置为–1(其他结点的父结点位置都是非负整数)。

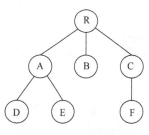

图 6-15　示例树结构

对于如图 6-15 所示的树, 表 6-3 为一个用双亲表示法表示树结构的示例。数组的第 0 项存储根结点 R, 它的父结点位置为-1。数组的第 1 项存储结点 A, 它的父结点位置为 0, 表示它的父结点是数组第 0 项, 即 R。类似地, D 和 E 的父结点位置为 1, 表示 D 和 E 结点的父结点为 A。各个结点在数组中的位置无须按照层次顺序存储, 判断一个结点是根结点的依据就是看它的父结点位置是否为-1。实际上, 也可以用同样的方法存储森林, 只不过数组中有多个根结点, 也就是有多个父结点位置为-1的结点。

表 6-3　双亲表示法

数组索引	结点数据	父结点索引
0	R	−1
1	A	0
2	B	0
3	C	0
4	D	1
5	E	1
6	F	3

双亲表示法的树或森林可以描述为

```
template <typename T>
struct {
    T data;
    int parent;
} Node;
vector<Node> tree;
```

2. 孩子表示法

也可以像类似二叉树那样的办法, 保存每个结点的子结点, 因为结点的子结点个数不定, 所以需要用一个链表把子结点串接起来。如图 6-16 所示, 仍然用一个数组来存储树中的所有结点, 其中数组的每一项表示一个结点, 它由一个结构体表示。结构体包括两项: 第一项是该结点存储的数据, 第二项是指向下一个子结点的指针。如果一个结点没有子结点, 那么上述第二项为 NULL。

数组中 R 结点(第 0 项)对应的链表中有三项 1、2、3，表示 R 结点的子结点是数组第 1、2、3 项，分别对应树中的结点 A、B、C。数组中 B 结点(第 2 项)对应的链表为空，表示 B 是一个叶子结点。在孩子表示法中，需要额外的一个变量表示树的根结点是数组中第几项。

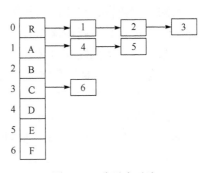

图 6-16　孩子表示法

孩子表示法的树或森林可以描述为：

```
struct Index {
    int id;
    Index *next;
} Index;
template <typename T>
struct {
    T data;
    Index *children;
} Node;
vector<Node> tree;
```

3. 父子表示法

如图 6-17 所示，父子表示法使用双亲表示法和孩子表示法两种方法，同时保存结点的父子结点的索引信息。

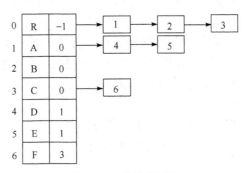

图 6-17　父子表示法

这三种方法分别适用于什么情况呢？

双亲表示法是最节省空间的，因为树中任何结点只有唯一的父结点，却有多个子结点，显然存储父结点能比存储子结点节省更多的空间。然而，很多情况下我们需要访问结点的子结点，如需要访问一个目录的子目录、访问一个论坛的子论坛等。当用双亲表示法保存数据时，访问父结点 X 的子结点意味着必须从数组的第 0 项一直到最后一项进行一次遍历，查找其中每一个结点的父结点是不是 X，这显然是一种效率较低的方法，孩子表示法则没有这种问题。反之，如果用孩子表示法存储数据，需要访问父结点，如目录返回上一层或者子论坛回到父论坛，那么必须进行数组遍历操作。

第三种方法无疑同时具备了前两种方法的功能，使用最方便、适用面最广。但是，这种方法需要的存储空间最大，添加和删除结点时需要完成的操作也最多。

双亲表示法还有一个较为明显的优点：数组中每一项都是"整齐"的，不像另外两种表示方法，数组中的每一项需要不等长度的空间。在关系数据库中(也是目前大部分数据库软件的类型)，通常用长度整齐的"表"(table)来存储数据，这种情况下只有双亲表示法是最合适的。当应用程序开始执行时，首先把表中整齐的双亲表示法数据读取出来，再按照孩子表示法或者父子表示法组织好并存放在内存中备用。

6.4.2　等价类问题与并查集算法

在社交网络中，可以通过朋友的朋友的朋友的转发，间接获取很多有趣的信息。现在已知一个社交网络，要你判断其中任意两个人是存在某种朋友关系(可以是间接的)，还是不存在任何联系。我们要获取一个人的好友资料还是比较容易的，但是好友的好友的好友包括哪些则不是那么直观，这类问题称为划分**等价类问题**。在解决这个问题之前，先来用一种更加概括、准确但是有些抽象的形式描述它。

全集 S 可以分为 n 个不相交的子集 S_1, S_2, …, S_n，每个 S_i 内部的任意两个元素都满足某种等价关系 R，而 S_i 的任意元素和 S_j 的任意元素之间都不满足等价关系。这样的一组子集 S_1, S_2, …, S_n 称为 S 的 R 等价类。

如果等价关系 R 是可传递的(即如果元素 x、y 满足等价关系 R，元素 y、z 满足等价关系 R，那么 x、z 满足等价关系 R)，并且已知一些元素之间存在等价关系(为了便于处理，通常以元素对的形式出现，即 $\langle x, y \rangle \in R$)，要求根据这些已知的等价关系划分等价类。

显然，只需实现以下两个功能就能划分等价类：

(1) 给定一个元素 x，查出它属于哪个子集 S_i。

(2) 合并子集 S_i 和 S_j。

有了这两个功能，当给定一个等价关系对 $\langle x, y \rangle$ 时，只需先分别查出 x 和 y 属于哪个子集，如果分属不同子集，那么将其合并子集即可。问题是该用什么来表示"子集"的概念呢？又用什么样的数据结构才最有效率呢？

并查集算法(union-find algorithm 或 merge-find algorithm)是一种高效率的解决划分等价类问题的数据结构，算法名称的来历非常直接：因为它就是完成了子集的合并和查询两项功能。并查集算法最巧妙的地方是对子集表示的处理，有时候换个看问题的角度就会发现它是如此简单。

如图 6-18 所示，并查集算法把每个子集表示成一棵树的形式，其中树的每个结点是该子集中的一项元素，根结点用来表示整个子集，根结点元素本身并没有任何特殊性，它只是被赋予了表示子集的任务。当需要查询一项元素所属的子集时，只需找到它所属树的根结点。当需要合并两个子集时，只需将一棵子树的根结点设置为另一棵树根结点的子树。可以看出，这种树结构中唯一也是反复被使用的就是获取结点的根结点，而 6.4.1 节刚刚学过，用树的双亲表示法来存储这个森林再合适不过了。通过这种数据结构的设计，忽然发现看起来很麻烦的划分等价类工作变成了一些简单的数组操作。也就是说，并查集实际上就是一个顺序表，顺序表中保存的实际是元素。

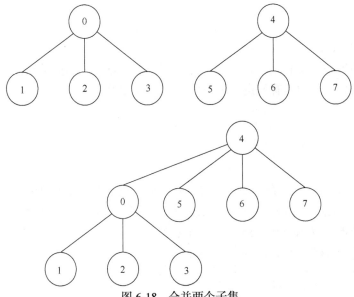

图 6-18　合并两个子集

定义并查集类 UFSet，每个结点的父结点信息数据存在它的成员变量_set 中，_set 类型为顺序表，其中第 i 个元素对应森林中第 i 个元素的父结点。UFSet 的主要操作包括：

(1) UFSet()。初始化并查集。

(2) int find Root(int i)。查找第 i 个结点的父结点，返回父结点索引。

(3) void unionRoot(int root1, int root2)。合并第 root1 根和第 root2 根结点所在的类，若已经在同一类，则保持。

(4) void unionClass(int i, int j)。合并第 i 个和第 j 个结点所在的类，若已经在同一类，则保持。

(5) bool inSameClass(int i, int j)。判断第 i 个和第 j 个结点是否在同一个类，若在则返回 true，否则返回 false。

声明 UFSet 的代码如下：

```
class UFSet {
private:
    vector<int> _set;

private:
    void unionRoot(int root1, int root2);

public:
    UFSet(int size);
    int findRoot(int i);
    void unionClass(int i, int j);
    bool inSameClass(int i, int j);
};
```

(1) UFSet(int size)：初始化。

初始情况下，所有结点都为根结点，即每个结点都是不同的类(集合)。因此，初始化需要将_set 的所有值设置为–1。

```
UFSet::UFSet(int size) {
    for (int i = 0; i < size; i++) {
        _set.push_back(-1);
    }
}
```

(2) findRoot(int i)：查找第 i 个结点所在类的根结点，返回其索引。

当结点 i 的父结点不是–1 时，表示不为根结点，将该父结点赋值于 i，继续查找其父结点，直到找到父结点为–1 的根结点。

```
int UFSet::findRoot(int i) {
    while (_set[i] != -1) {
        i = _set[i];
    }
    return i;
}
```

(3) unionRoot(int root1, int root2)：已知根结点，合并两棵子树。只要将一个根结点的根结点设为另一个根结点即可。

```
void UFSet::unionRoot(int root1, int root2) {
    _set[root1] = root2;
}
```

(4) unionClass(int i, int j)。将第 i 个和第 j 个结点所在的类合并，若已在同一类，则保持。

```
void UFSet::unionClass(int i, int j) {
    int root1 = findRoot(i);
    int root2 = findRoot(j);
    unionRoot(root1, root2);
}
```

(5) inSameClass(int i, int j)：判断两个元素是否在同一子集。

```
bool UFSet::inSameClass(int i, int j) {
    return findRoot(i) == findRoot(j);
}
```

最后是一个简单的测试，创建 6 个元素，其中 0、1、2、3 属于一个子集，4、5 属于另一个子集，看看我们的代码是否正确。

```
int main()
{
    UFSet set(6);
    //0, 1, 2, 3 in subset1, 4, 5 in subset2
    set.unionClass(0, 1);
    set.unionClass(2, 3);
    set.unionClass(4, 5);
    set.unionClass(1, 2);
    cout << set.inSameClass(0, 2) << endl;
    cout << set.inSameClass(1, 5) << endl;
}
```

并查集算法能够获得较高效率有两个原因：首先，合并操作只需要一步就可以完成；其次，查找操作需要的次数等于树的高度(每一循环，结点都去获取它的父结点)。因此，并查集希望树越扁平越好。考虑一种极端的情况：用上述算法按照合并 0、1，合并 1、2，合并 2、3，… 的顺序处理集合，最后会得到一棵严重退化的树。这棵树中的并查集查找算法与顺序查找效率相同，平均速度 $n/2$，最差情况 n，是一个 $O(n)$ 时间复杂度的算法(图 6-19)。

为了解决这个问题，可以为每个根结点增加一个计数器，保存当前根结点所在的树的结点个数，每次进行合并操作时，总是将结点较少的树的根结点挂在结点较多的树的根结点上，这样就可以有效抑制退化树出现的情况。

图 6-19　退化的并查集树

另外一个问题是，可以分析 0、1、2 等数字作为元素构成的等价类，但如果元素是字符串或其他类型，例如，我们想分析李明、王涛、张红等是否存在亲戚关系，该如何修改代码呢？显然，这里需要用到映射或查找，即将姓名字符串映射为数字，或者根据姓名字符串查找其父结点的姓名字符串。这种映射或查找功能称为**哈希表**，会在第 9 章 "查找" 中介绍。

6.5　信息学竞赛中树的应用

例 6-2　翻转二叉树。

如图 6-20 所示，将二叉树每个结点的左右子树翻转，由于我们的内存空间有限，不能重新创建一棵全新的二叉树并把原来的结点逐一复制进去，而只能在原来的二叉树上进行调整。请设计能够完成这种调整的程序。假设二叉树的根结点为 Node* root。

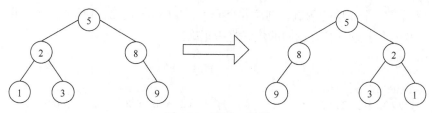

图 6-20　翻转二叉树

基本上就是对二叉树的遍历，遍历到每个结点时交换它的左右子结点，前、中、后序遍历均可。递归遍历实现更简单方便，代码如下：

```
void reverseTree(Node* root) {
    if (root != NULL) {
        Node* t = root->left;
        root->left = root->right;
        root->right = t;
        reverseTree(root->left);
        reverseTree(root->right);
    }
}
```

例 6-3　对称二叉树。

如果一棵二叉树的所有结点左右子树交换，新树和原树对应位置的结构相同且结点内的数值相等，则称其为**对称二叉树**。如图 6-21 所示，最左边的是对称二叉树；中间的不是，因为两棵以 2 为根结点的子树数值不对称；最右边的也不是对称二叉树，因为结构不对称。图 6-22 则展示了一棵更大的对称二叉树。

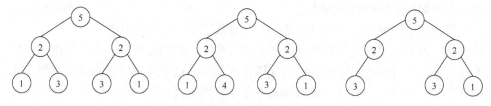

图 6-21　对称二叉树与非对称二叉树举例

对于根结点 Node* root 代表的树，请判断它是否为对称二叉树。

该问题同样可以用递归遍历的方法解决，问题的核心是如何用非构造的方法，而不是用"交换后相同"的构造性方法去定义对称二叉树。通过观察，可以得出这样的递归定义方式：对于某根结点为 N 的树(或子树)，设它的左子结点为 L，右子结点为 R。如果满足：①L 的左子树和 R 的右子树对称；②L 的右子树和 R 的左子树对称；③L 和 R 结点的数值相等。则 N 为对称二叉树。

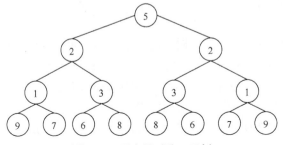

图 6-22 更大的对称二叉树

根据这一定义，可以很容易地写出判断对称二叉树的代码。

首先写出判断某结点的左右子树 n1 和 n2 是否对称的函数：

```
bool isSym(Node* n1, Node* n2) {
    if (n1 == NULL && n2 == NULL) {
        return true;
    }
    if (n1 == NULL || n2 == NULL) {
        return false;
    }
    return (n1->data == n2->data) && isSym(n1->left, n2->right)
           && isSym(n1->right, n2->left);
}
```

接下来写判断对称二叉树的函数，这里可以调用 root 的左右子结点是否对称来判断。

```
bool isSymTree(Node* root) {
    isSym(root->left, root->right);
}
```

只是这样写在根结点为空的情况下会报错。按照定义，根结点为空也是对称的，所以可以写成：

```
bool isSymTree(Node* root) {
    isSym(root, root);
}
```

习　题

填空题

1. 具有 20 个结点的二叉树的边数(分支数)是_____。

2. 对于具有 n 个结点的完全二叉树，如果采用数组存储，那么数组中第 4 个元素表示的结点(假设数组从 0 开始编号)的左子结点是数组中第_____个元素。

3. 已知二叉树的前序遍历序列是 BADCFEG，中序遍历序列是 DABFECG，那么其后序遍历序列为_____。

编程题

4. 给定一个二叉树，找到该树中两个指定结点的最近公共祖先。

最近公共祖先的定义为：对于有根树 T 的两个结点 p、q，最近公共祖先为结点 x，满足 x 是 p、q 的祖先，且 x 的深度尽可能大。

另外，一个结点也可以是它自己的祖先。

例如，如图 6-23 所示，结点 7 和 9 的最近公共祖先为结点 2。

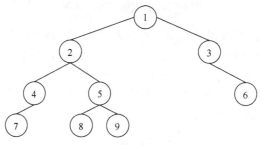

图 6-23　最近公共祖先

5. 对称二叉树(NOIP2018)，题目详见 https://www.luogu.com.cn/problem/P5018。

第7章 图

图是一种比线性结构和树形结构更为复杂的数据结构。在线性结构中，每个数据元素只有唯一的前驱和后继；在树形结构中，每个数据元素可以有多个后继(子结点)，但是只有唯一前驱(父结点)，表现为一种层次关系；在图状结构中，每个数据元素可以有多个前驱和多个后继，可以呈现环状关系。从数据关系的角度来看，图已经是最复杂的结构了，在物流、电信、芯片设计、社交网络和人工智能等方面都有广泛的应用。

另外需要说明的是，和其他数据结构不同的是，C++ STL 中并没有包括图这种数据结构。虽然有一些其他 C++开源库如 Boost 等提供了图的实现，但它不属于信息学竞赛允许使用的范围，也不在一般 C++软件的默认库中，故这里不做介绍。

7.1 图的基本概念

7.1.1 图的定义

图(graph)G 由两个集合 V(vertex)和 E(edge)组成，记为 $G=(V,E)$，其中 V 是**顶点**的有限集合，记为 $V(G)$，E 是连接 V 中两个不同顶点(顶点对)的**边**(或者称为**弧**)的有限集合，记为 $E(G)$。在图 G 中，如果代表边的顶点对是无序的，则称 G 为**无向图**(图 7-1(a))，无向图中代表边的无序顶点对通常用圆括号括起来，用以表示一条无向边。若表示边的顶点对是有序的，则称 G 为**有向图**(图 7-1(b))，在有向图中代表边的顶点对通常用尖括号括起来。

7.1.2 图的基本术语

1) 端点和邻接点

在一个无向图中，若存在一条边 (v_i,v_j)，则称 v_i 和 v_j 为此边的两个**端点**，并称它们互为**邻接点**。在一个有向图中，若存在一条边 $\langle v_i,v_j \rangle$，则称此边是顶点 v_i 的一条出边，同时也是顶点 v_j 的一条

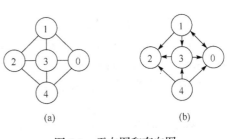

图 7-1 无向图和有向图

入边；称 v_i 和 v_j 分别为此边的**起始端点**(简称**起点**)和**终止端点**(简称**终点**)；称 v_i 和 v_j 互为邻接点。

2) 顶点的度、入度和出度

在无向图中，顶点所具有的边的数目称为该顶点的**度**。在有向图中，以顶点 v_i 为终点的入边的数目称为该顶点的**入度**。以顶点 v_i 为始点的出边的数目称为该顶点的**出度**。一个顶点的入度与出度的和为该顶点的度。若一个图中有 n 个顶点和 e 条边，每个顶点的度为 $d_i(1 \leqslant i \leqslant n)$，则有

$$e = \frac{1}{2}\sum_{i=1}^{n}d_i$$

3) 完全图

若无向图中的每两个顶点之间都存在着一条边，有向图中的每两个顶点之间都存在着方向相反的两条边，则称此图为**完全图**。完全无向图包含有 $n(n-1)/2$ 条边，完全有向图包含 $n(n-1)$ 条边。图 7-2(a)所示的图是完全无向图，图 7-2 (b)所示的图是一个完全有向图。

4) 稠密图、稀疏图

当一个图接近完全图时，则称其为**稠密图**。相反，当一个图含有较少的边数(即当 $e \ll n(n-1)$)时，则称为**稀疏图**。

5) 子图

设有两个图 $G=(V,E)$ 和 $G'=(V',E')$，若 V' 是 V 的子集，即 $V' \subset V$，且 E' 是 E 的子集，即 $E' \subset E$，则称 G' 是 G 的**子图**。例如，图 7-3(b)是图 7-3(a)的子图，而图 7-3(c)不是图 7-3(a)的子图。

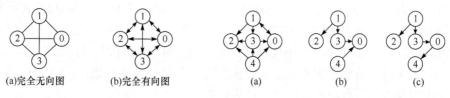

(a)完全无向图　　　(b)完全有向图　　　　　(a)　　　　　　(b)　　　　　　(c)

图 7-2　完全图示例　　　　　　　图 7-3　子图示例

6) 路径和路径长度

在一个图 $G=(V,E)$ 中，从顶点 v_i 到顶点 v_j 的一条**路径**是一个顶点序列 $(v_i, v_{i1}, v_{i2}, \cdots, v_{im}, v_j)$，若此图 G 是无向图，则边 (v_i, v_{i1})，(v_{i1}, v_{i2})，$\cdots$，(v_{im-1}, v_{im})，(v_{im}, v_j) 属于 $E(G)$；若此图是有向图，则 $\langle v_i, v_{i1} \rangle$，$\langle v_{i1}, v_{i2} \rangle$，$\cdots$，$\langle v_{im-1}, v_{im} \rangle$，$\langle v_{im}, v_j \rangle$ 属于 $E(G)$。

路径长度是指一条路径上经过的边的数目。若一条路径上除开始点和结束点可以相同，其余顶点均不相同，则称此路径为**简单路径**。例如，图 7-4 中，(v_0, v_2, v_1)

就是一条简单路径，其长度为 2。

7) 回路或环

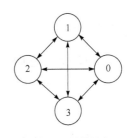

图 7-4 环示例

若一条路径上的开始点与结束点为同一个顶点，则此路径称为**回路或环**。开始点与结束点相同的简单路径称为**简单回路或简单环**。例如，图 7-4 中，(v_0,v_2,v_1,v_0)就是一条简单回路，其长度为 3。

8) 连通、连通图和连通分量

在无向图 G 中，若从顶点 v_i 到顶点 v_j 有路径，则称 v_i 和 v_j 是**连通**的。若图 G 中任意两个顶点都连通，则称 G 为**连通图**，否则称为非连通图。无向图 G 中的极大连通子图称为 G 的**连通分量**。显然，任何连通图的连通分量只有一个，即其本身，而非连通图有多个连通分量。

9) 权和网

图中每一条边都可以附有一个对应的数值，这种与边相关的数值称为**权**。权可以表示从一个顶点到另一个顶点的距离或花费的代价。边上带有权的图称为**带权图**，也称为**网**。

例 7-1 有 n 个顶点的有向强连通图最多需要多少条边？最少需要多少条边？

有 n 个顶点的有向强连通图最多有 $n(n-1)$条边(构成一个有向完全图的情况)；最少有 n 条边(n 个顶点依次首尾相接构成一个环的情况)。

7.2 图的存储方法

7.2.1 邻接矩阵存储方法

邻接矩阵是表示顶点之间相邻关系的矩阵。设 $G=(V,E)$是具有 $n(n>0)$个顶点的图，顶点的顺序依次为$(v_0,v_1,\cdots,v_{n-1})$，则 G 的邻接矩阵 A 是 n 阶方阵，其定义如下。

(1) 若 G 是无向图，则

$$A[i][j]=\begin{cases}1, & (v_i,v_j)\in E(G)\\0, & \text{其他}\end{cases}$$

(2) 若 G 是有向图，则

$$A[i][j]=\begin{cases}1, & \langle v_i,v_j\rangle\in E(G)\\0, & \text{其他}\end{cases}$$

(3) 若 G 是带权无向图，则

$$A[i][j]=\begin{cases}w_{ij}, & v_i \ne v_j \, \text{且} \, (v_i,v_j) \in E(G) \\ \infty, & \text{其他}\end{cases}$$

(4) 若 G 是带权有向图，则

$$A[i][j]=\begin{cases}w_{ij}, & v_i \ne v_j \, \text{且} \, \langle v_i,v_j \rangle \in E(G) \\ \infty, & \text{其他}\end{cases}$$

图的邻接矩阵表示法示例如图 7-5 所示。

邻接矩阵的特点如下：

(1) 图的邻接矩阵表示是唯一的。

(2) 无向图的邻接矩阵一定是一个对称矩阵。因此，按照压缩存储的思想，在具体存放邻接矩阵时只需存放上(或下)三角形阵的元素即可。

(3) 一般来说，不带权的有向图的邻接矩阵是一个稀疏矩阵，因此当图的顶点较多时，可以采用三元组表的方法存储邻接矩阵。

(4) 对于无向图，邻接矩阵的第 i 行(或第 i 列)非零元素(或非 ∞ 元素)的个数正好是第 i 个顶点 v_i 的度。

(5) 对于有向图，邻接矩阵的第 i 行(或第 i 列)非零元素(或非 ∞ 元素)的个数正好是第 i 个顶点 v_i 的出度(或入度)。

(6) 用邻接矩阵方法存储图，很容易确定图中任意两个顶点之间是否有边相连。但是，要确定图中有多少条边，则必须按行、按列对每个元素进行检测，所花费的时间代价很大。这是用邻接矩阵存储图的局限性。

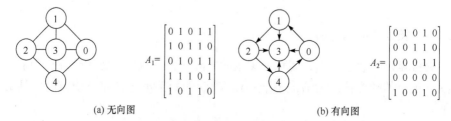

(a) 无向图　　　　　　　　　　　　(b) 有向图

图 7-5　图的邻接矩阵表示法示例

邻接矩阵的数据类型定义如下：

```
#define  MAXV  100          /*最大顶点个数*/
typedef struct
{
    int no;                 /*顶点编号*/
    InfoType info;          /*顶点其他信息*/
} VertexType;               /*顶点类型*/
typedef struct              /*图的定义*/
{
```

```
    int edges[MAXV][MAXV];      /*邻接矩阵*/
    int vexnum,arcnum;          /*顶点数,弧数*/
    VertexType vexs[MAXV];      /*存放顶点信息*/
} MGraph;
```

7.2.2 邻接表存储方法

图的邻接表存储方法是一种顺序分配与链式分配相结合的存储方法。在邻接表中,对图中每个顶点建立一个单链表,第 i 个单链表中的结点表示依附于顶点 v_i 的边(对有向图是以顶点 v_i 为尾的弧)。每个单链表上附设一个表头结点,图 7-5 两图的邻接表表示法如图 7-6 所示。

邻接表的特点如下:

(1) 邻接表表示不唯一。这是因为在每个顶点对应的单链表中,各边结点的连接次序可以是任意的,取决于建立邻接表的算法以及边的输入次序。

(2) 对于有 n 个顶点和 e 条边的无向图,其邻接表有 n 个顶点结点和 $2e$ 个边结点。显然,在总的边数小于 $n(n-1)/2$ 的情况下,邻接表比邻接矩阵要节省空间。

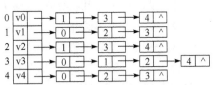
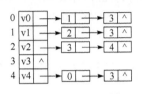

图 7-6 图的邻接表表示法示例

(3) 对于无向图,邻接表的顶点 v_i 对应的第 i 个链表的边结点数目正好是顶点 v_i 的度。

(4) 对于有向图,邻接表的顶点 v_i 对应的第 i 个链表的边结点数目仅仅是 v_i 的出度。其入度为邻接表中所有 adjvex 字段值为 i 的边结点数目。

其中表结点的结构如图 7-7(a)所示,表头结点的结构如图 7-7(b)所示。

(a) 表结点 (b) 表头结点

图 7-7 邻接表的表结点和表头结点

邻接表存储结构的定义如下:

```
typedef struct ANode              /*弧的结点结构类型*/
{
    int adjvex;                   /*该弧的终点位置*/
    struct ANode *nextarc;        /*指向下一条弧的指针*/
    InfoType info;                /*该弧的相关信息*/
} ArcNode;
typedef struct Vnode              /*邻接表头结点的类型*/
{
```

```
    VertexType data;                    /*顶点信息*/
    ArcNode *firstarc;                  /*指向第一条弧*/
} VNode;
typedef VNode AdjList[MAXV];                /*AdjList是邻接表类型*/
typedef struct
{
    AdjList adjlist;          /*邻接表*/
    int n,e;                  /*图中顶点数n和边数e*/
} ALGraph;                    /*图的类型*/
```

例 7-2 给定一个具有 *n* 个结点的无向图的邻接矩阵和邻接表。

(1) 设计一个将邻接矩阵转换为邻接表的算法。

(2) 设计一个将邻接表转换为邻接矩阵的算法。

(3) 分析上述两个算法的时间复杂度。

解：(1) 在邻接矩阵上查找值不为 0 的元素，找到这样的元素后创建一个表结点并在邻接表对应的单链表中采用前插法插入该结点。代码如下：

```
void MatToList(MGraph g,ALGraph *&G)
/*将邻接矩阵g转换成邻接表G*/
{
    int i,j,n=g.vexnum; ArcNode *p;      /*n为顶点数*/
    G=new ALGraph;
    for (i=0;i<n;i++)   /*给所有头结点的指针域置初值*/
        G->adjlist[i].firstarc=NULL;
    for (i=0;i<n;i++)     /*检查邻接矩阵中每个元素*/
        for (j=n-1;j>=0;j--)
            if (g.edges[i][j]!=0)
            {
                p=new ArcNode;
                /*创建结点*p*/
                p->adjvex=j;
                p->nextarc=G->adjlist[i].firstarc;/*将*p链到链表前*/
                G->adjlist[i].firstarc=p;
            }
    G->n=n;G->e=g.arcnum;
}
```

(2) 在邻接表上查找相邻结点，找到后修改相应邻接矩阵元素的值。代码如下：

```
void ListToMat(ALGraph *G,MGraph &g)
/*将邻接表G转换成邻接矩阵g*/
{
    int i,j,n=G->n;ArcNode *p;
    for (i=0;i<n;i++)     /*g.edges[i][j]赋初值0*/
        for (j=0;j<n;j++)  g.edges[i][j]=0;
    for (i=0;i<n;i++)
```

```
    {
        p=G->adjlist[i].firstarc;
        while (p!=NULL)
        {
            g.edges[i][p->adjvex]=1;
            p=p->nextarc;
        }
    }
    g.vexnum=n;g.arcnum=G->e;
}
```

(3) 上述两个算法的时间复杂度均为 $O(n^2)$。对于(2)的算法,若不计算给 $a[i][j]$ 赋初值 0 的双重 for 循环语句,其时间复杂度为 $O(n \cdot e)$,其中 e 为图的边数。

7.3 图 的 遍 历

从给定图中任意指定的顶点(称为初始点)出发,按照某种搜索方法沿着图的边访问图中的所有顶点,使每个顶点仅被访问一次,这个过程称为**图的遍历**。如果给定图是连通的无向图或者是强连通的有向图,则遍历过程一次就能完成,并可按访问的先后顺序得到由该图所有顶点组成的一个序列。

图的遍历方法有深度优先搜索法(DFS)和广度优先搜索法(BFS)。

7.3.1 深度优先搜索遍历

深度优先搜索遍历的过程是:从图中某个初始顶点 v 出发,首先访问初始顶点 v,然后选择一个与顶点 v 相邻且没被访问过的顶点 w 为初始顶点,再从 w 出发进行深度优先搜索,直到图中与当前顶点 v 邻接的所有顶点都被访问过。显然,这个遍历过程是个递归过程。

以邻接表为存储结构的深度优先搜索遍历代码如下(其中, v 是初始顶点编号, visited[ ]是一个全局数组,初始时所有元素均为 0,表示所有顶点尚未访问过)。

```
void DFS(ALGraph *G,int v)
{
    ArcNode *p;
    visited[v]=1;                        /*置已访问标记*/
    cout << v << " ";
    p=G->adjlist[v].firstarc;
    /*p 指向顶点 v 的第一条弧的弧头结点*/
    while (p!=NULL)
    {
        if (visited[p->adjvex]==0)    DFS(G,p->adjvex);
```

```
                /*若 p->adjvex 顶点未访问,则递归访问它*/
                p=p->nextarc;
                /*p 指向顶点 v 的下一条弧的弧头结点*/
        }
    }
```

类似于树的遍历,图的深度优先遍历也可以利用栈以非递归的方式来实现,代码如下:

```
void DFS2(ALGraph *G,int v)
{
    ArcNode *p; int w,i;
    int stack[MAXV],top=-1;  /*定义栈*/
    int visited[MAXV]; /*定义存放结点的访问标识的数组*/
    for (i=0;i<G->n;i++) visited[i]=0;  /*访问标识数组初始化*/
    cout << v << " ";
    visited[v]=1;                       /*置已访问标记*/
    top++;
    stack[top]=v;                /*v 进栈*/
    while (top>0)           /*若栈不空时循环*/
    {
        w=stack[top];                /*读栈顶并赋给 w*/
        p=G->adjlist[w].firstarc; /*找 w 的第一个的邻接点*/
        flag=0;
        while (p!=NULL && flag==0)
            if (visited[p->adjvex]==0)
            {
                cout <<  p->adjvex << " ";        /*访问之*/
                visited[p->adjvex]=1; flag=1;
                stack[++top]=p->adjvex; /*该顶点进栈*/
            }
            else p=p->nextarc;       /*找下一个邻接顶点*/
        if (p==NULL) top--;      /*退栈*/
    }
    cout << endl;
}
```

7.3.2　广度优先搜索遍历

广度优先搜索遍历的过程是:首先访问初始点 v_i,接着访问 v_i 的所有未被访问过的邻接点 $v_{i1}, v_{i2}, \cdots, v_{it}$,再按照 $v_{i1}, v_{i2}, \cdots, v_{it}$ 的次序,访问每一个顶点的所有未被访问过的邻接点,依次类推,直到图中所有和初始点 v_i 有路径相通的顶点都被访问过。

以邻接表为存储结构,用广度优先搜索遍历图时,需要使用一个队列,以类似于按层次遍历二叉树遍历图。参考代码如下:

```
void BFS(ALGraph *G,int v)
{
    ArcNode *p; int w,i;
    int queue[MAXV],front=0,rear=0;     /*循环队列*/
    int visited[MAXV];  /*结点的访问标识数组*/
    for (i=0;i<G->n;i++)
        visited[i]=0;                /*访问标识数组初始化*/
    cout << v << " ";                /*输出被访问顶点的编号*/
    visited[v]=1;                    /*置已访问标记*/
    rear=(rear+1)%MAXV;
    queue[rear]=v;                   /*v 进队*/
    while (front!=rear)              /*队列不空时循环*/
    {
        front=(front+1)%MAXV;
        w=queue[front];             /*出队并赋给 w*/
        p=G->adjlist[w].firstarc;
        /*找 w 的第一个邻接点*/
        while (p!=NULL)
        {
            if (visited[p->adjvex]==0)
            {
                cout << p->adjvex << " ";   /*访问之*/
                visited[p->adjvex]=1;
                rear=(rear+1)%MAXV;
                /*该顶点进队*/
                queue[rear]=p->adjvex;
            }
            p=p->nextarc; /*找下一个邻接顶点*/
        }
    }
    cout << endl;
}
```

7.3.3　非连通图的遍历

对于无向图，若无向图是连通图，则一次遍历能够访问到图中的所有顶点；但若无向图是非连通图，则只能访问到初始点所在连通分量中的所有顶点，其他连通分量中的顶点是不可能访问到的。为此需要从其他每个连通分量中选择初始点，分别进行遍历，才能够访问到图中的所有顶点；对于有向图，若从初始点到图中的每个顶点都有路径，则能够访问到图中的所有顶点；否则不能访问到所有顶点，为此同样需要再选初始点，继续进行遍历，直到图中的所有顶点都被访问过。

采用深度优先搜索遍历非连通无向图的代码如下：

```
NDFS(ALGraph *g)
{
    int i;
    for (i=0;i<g->n;i++)
        if (visited[i]==0)
            DFS(g, i);
}
```

采用广度优先搜索遍历非连通无向图的代码如下：

```
NBFS(ALGraph *g)
{
    int i;
    for (i=0;i<g->n;i++)
        if (visited[i]==0)
            BFS(g, i);
}
```

7.4 最小生成树问题

7.4.1 生成树

一个连通图的**生成树**是一个极小连通子图，它含有图中全部顶点，但只有构成一棵树的 $n-1$ 条边，如图 7-8 所示。如果在一棵生成树上添加一条边，必定构成一个环：因为这条边使得它依附的那两个顶点之间有了第二条路径。一棵有 n 个顶点的生成树(连通无回路图)有且仅有 $n-1$ 条边，如果一个图有 n 个顶点和小于 $n-1$ 条边，那么它是非连通图。若它多于 $n-1$ 条边，则一定有回路。但是，有 $n-1$ 条边的图不一定都是生成树。生成树(以及最小生成树)均可能不唯一。

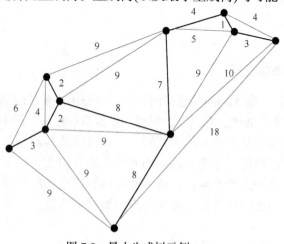

图 7-8 最小生成树示例

7.4.2 最小生成树

在对无向图进行遍历时，对于连通图，仅需调用遍历过程(DFS 或 BFS)一次，从图中任一顶点出发，便可以遍历图中的各个顶点。对于非连通图，则需多次调用遍历过程，每次调用得到的顶点集连同相关的边就构成图的一个连通分量。

设 $G=(V,E)$ 为连通图，则从图中任一顶点出发遍历图时，必定将 $E(G)$ 分成两个集合 T 和 B，其中 T 是遍历图过程中走过的边的集合，B 是剩余的边的集合：$T \cap B = \varnothing$，$T \cup B = E(G)$。显然，$G'=(V,T)$ 是 G 的极小连通子图，即 G' 是 G 的一棵生成树。

由深度优先遍历得到的生成树称为深度优先生成树；由广度优先遍历得到的生成树称为广度优先生成树。生成树由遍历时访问过的 n 个顶点和遍历时经历的 $n-1$ 条边组成。非连通图中的每个连通分量中的顶点集和遍历时走过的边一起构成一棵生成树，各个连通分量的生成树组成非连通图的生成森林。

对于一个带权(假定每条边上的权均为大于零的实数)连通无向图 G 中的不同生成树，其每棵树的所有边上的权值之和也可能不同；图的所有生成树中具有边上的权值之和最小的树称为图的**最小生成树**。根据生成树的定义，构造最小生成树有三条准则：

(1) 必须只使用该图中的边来构造最小生成树；

(2) 必须使用且仅使用 $n-1$ 条边来连接图中的 n 个顶点；

(3) 不能使用产生回路的边。

在一个拥有成百上千甚至更多顶点的网络中，很难通过人工的方法计算最小生成树，因为对所有边进行穷举产生的组合数量之大，远远超出直觉的想象，更何况还要验证这些边是否使图连通。对于一个有 20 个顶点和 100 条边组成的非常小的网络，穷举所有可能的生成树组合意味着 $C_{100}^{19}=1902231808400$ 种情况！

7.4.3 普里姆算法

为了获得高效率的最小生成树算法，首先需要了解最小生成树的特点，也称为最小生成树的性质。

最小生成树性质 设 T 为 $G=(V,E)$ 的最小生成树。对于 V 的子集 U 和 $V-U$，假设边 $(u,v) \in E$ 是连接 U 中顶点与 $V-U$ 中顶点的最小边，那么 (u,v) 是 T 上的边。

证明：用反证法。如图 7-9 所示，虚线的两个方框分别表示 U 和 $V-U$ 的部分。假设 (u,v) 不属于 T，把 T 上连接 U 和 $V-U$ 的边(不妨设为 (x,y))与 (u,v) 交换，得到一棵新的生成树 T'，显然 T' 的各边权值和小于 T。这与 T 是最小生成树的前提矛盾，因此 (u,v) 必定属于 T。

利用最小生成树性质可以得到**普里姆(Prim)算法**。它是一种构造性算法。假设 $G=(V,E)$ 是一个具有 n 个顶点的带权连通无向图，$T=(U,TE)$ 是 G 的最小生成树，

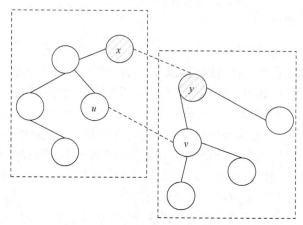

图 7-9　最小生成树性质证明

其中 U 是 T 的顶点集，TE 是 T 的边集，则由 G 构造最小生成树 T 的步骤如下：

(1) 初始化 $U=\{v_0\}$。

(2) 重复以下步骤 $n-1$ 次，使得其他 $n-1$ 个顶点被加入 U 中。

从所有一端顶点 u 在 U 中，另一端顶点 v 在 $V-U$ 中的边(u,v)中，选择最小的那一条，将该边加入 TE，同时将 v 加入 U。

如图 7-10 所示的图，首先将顶点 0 加入 U，接下来考察一端顶点在 U 中另一端顶点在 $V-U$ 中的边$(0,1)$、$(0,4)$、$(0,6)$(图中用虚线表示)，将最小的$(0,4)$加入 TE，同时把顶点 4 加入 U(图 7-11)。

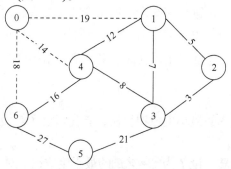

图 7-10　普里姆算法示例

接着考察一端顶点在 U 中(0 或 4)，另一端顶点在 $V-U$ 中的边，$(0,1)$、$(0,6)$、$(4,6)$、$(1,4)$、$(3,4)$ (图中用虚线表示)，将最短的边$(3,4)$加入 TE，同时将顶点 3 加入 U，如图 7-12 所示。以此类推，可得最终的最小生成树如图 7-13 所示。

通过进一步观察可以发现，对所有一端顶点在 U 中，另一端顶点在 $V-U$ 中的边反复最小值会有一些无效操作。例如，在最小生成树的构造过程中，如果已经发现边$(1,4)$比边$(1,0)$短，那么此后的过程中边$(1,0)$就失去了比较的价值，因为决定顶点 1 是否可以加入 U 的条件，总是由 1 到 U 的最短的那条边决定。

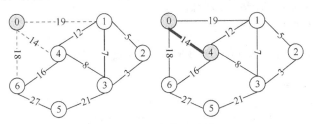

图 7-11　普里姆算法步骤 1

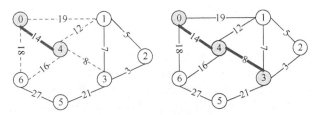

图 7-12　普里姆算法步骤 2

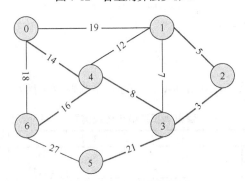

图 7-13　最小生成树结果

　　在代码中使用 closest 数组来保存当前每个顶点 i 到 U 的最短边的邻接顶点，用 lowcost 数组保存当前每个顶点到 U 的最短边的权值。一旦将该顶点加入 U 中，就把对应的 lowcost 数组对应项改成 0，表示在此后的比较过程中予以排除。

　　假定采用邻接矩阵表示法，以二维数组 edges 作为图的输入，顶点个数为 n，普里姆算法的参考代码如下：

```
#define INF 32767        //INF 表示无穷大
#define MAXV 100         //邻接矩阵最大顶点个数
void Prim(int edges[][MAXV], int n, int v)
{
    int lowcost[MAXV];
    int min;
    int closest[MAXV],i,j,k;
    for (i=0;i<n;i++)  //给 lowcost[]和 closest[]置初值
```

```
    {
        lowcost[i]=edges[v][i];
        closest[i]=v;
    }
    for (i=1;i<n;i++)     //找出 n-1 个顶点
    {
        min=INF;
        for (j=0;j<n;j++) //在 V-U 中找出离 U 最近的顶点 k
            if (lowcost[j]!=0 && lowcost[j]<min)
            {
                min=lowcost[j];
                k=j;                //k 记录最近顶点的编号
            }
        printf(" 边(%d,%d)权为:%d\n",closest[k],k,min);
        lowcost[k]=0;          //标记 k 已经加入 U
        for (j=0;j<n;j++)  //修改数组 lowcost 和 closest
            if (edges[k][j]!=0 && edges[k][j]<lowcost[j])
            {
                lowcost[j]=edges[k][j];
                closest[j]=k;
            }
    }
}
```

普里姆算法更新 closest 和 lowcost 的过程如表 7-1 所示。

表 7-1　普里姆算法最小生成树数组更新情况

	0	1	2	3	4	5	6
closest	0	0	0	0	0	0	0
lowcost	0	19	∞	∞	14	∞	18
closest	0	4	0	4	0	0	4
lowcost	0	12	∞	8	0	∞	16
closest	0	3	3	4	0	3	4
lowcost	0	7	3	0	0	21	16
closest	0	2	3	4	0	3	4
lowcost	0	5	0	0	0	21	16
closest	0	2	3	4	0	3	4
lowcost	0	0	0	0	0	21	16
closest	0	2	3	4	0	3	4
lowcost	0	0	0	0	0	21	0

7.4.4　克鲁斯卡尔算法

克鲁斯卡尔(Kruskal)算法是一种按权值的递增次序选择合适的边来构造最小生成树的方法。假设 $G=(V,E)$ 是一个具有 n 个顶点的带权连通无向图，$T=(U,\text{TE})$ 是 G 的最小生成树，则构造最小生成树的步骤如下：

(1) 置 U 的初值等于 V(即包含 G 中的全部顶点)，TE 的初值为空集(即图 T 中每一个顶点都构成一个分量)。

(2) 将图 G 中的边按权值从小到大的顺序依次选取，若选取的边未使生成树 T 形成回路，则加入 TE；否则舍弃，直到 TE 中包含 $n-1$ 条边。

如图 7-14 所示，首先选择权值最小的边(2,3)，接下来是(1,2)，这时不能选择当前权值最小的(1,3)，因为顶点 1、2、3 构成回路，只能选择(3,4)。

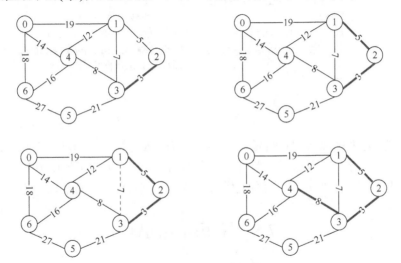

图 7-14　克鲁斯卡尔算法示例

为了突出重点，在以下实现克鲁斯卡尔算法的代码中，用数组 E 存放图 G 中的所有边，并假定权值已按照从小到大的顺序排列。n 为图 G 的顶点个数，e 为图 G 的边数。边 E 的结构定义如下：

```
typedef struct
{
    int u;      /*边的起始顶点*/
    int v;      /*边的终止顶点*/
    int w;      /*边的权值*/
} Edge;
```

克鲁斯卡尔算法的代码如下：

```
void Kruskal(Edge E[ ],int n,int e)
{
```

```
int i,j,m1,m2,sn1,sn2,k; int vset[MAXV];
for (i=0;i<n;i++) vset[i]=i;   /*初始化辅助数组*/
k=1;
/*k 表示当前构造最小生成树的第几条边,初值为 1*/
j=0;    /*E 中边的下标,初值为 0*/
while (k<n)   /*生成的边数小于 n 时循环*/
{
    m1=E[j].u;m2=E[j].v;          /*取一条边的两顶点*/
    sn1=vset[m1];sn2=vset[m2];
    /*分别得到两个顶点所属连通分量的编号*/
    if (sn1!=sn2)
    /*两顶点属于不同的集合,该边是最小生成树的一条边*/
    {
        printf("(%d,%d):%d\n", m1, m2, E[j].w);
        k++;                       /*生成边数增 1*/
        for (i=0;i<n;i++)      /*两个集合统一编号*/
            if (vset[i]==sn2)   /*集合编号为 sn2 的改为 sn1*/
                vset[i]=sn1;    /*即将连通顶点标相同编号*/
    }
    j++;      /*扫描下一条边*/
}
}
```

显然,普里姆算法的时间复杂度只与顶点个数有关,为 $O(n^2)$,而克鲁斯卡尔算法的时间复杂度只与边的条数有关,为 $O(eloge)$(e 为边的条数),在边稠密的情况下普里姆算法效率更高,而在边稀疏的情况下克鲁斯卡尔算法效率更高。

7.5 最短路径问题

在一个无权的图中,从一顶点到另一顶点的路径长度为该路径上所经过的边的数目。由于从一顶点到另一顶点可能存在多条路径,每条路径上所经过的边数可能不同,即路径长度不同,路径长度最短(即经过的边数最少)的那条路径称为**最短路径**,其路径长度称为最短路径长度或最短距离。

对于带权的图,考虑路径上各边的权值,则通常把一条路径上所经过边的权值之和定义为该路径的路径长度或带权路径长度。从源点到终点可能不止一条路径,把带权路径长度最短的那条路径称为最短路径,其路径长度(权值之和)称为最短路径长度或者最短距离。

7.5.1 单源最短路径

穷举法自然可以计算最短路径,但是当图的顶点很多时其运行效率太低。高效计算从某个源点 v 到其余顶点的最短路径最早是由迪杰斯特拉(Dijkstra)提出的，称为**迪杰斯特拉算法**，该算法的基本思想如下。

　　设 $G=(V,E)$ 是一个带权有向图，把图中顶点集合 V 分成两组，第一组为已求出最短路径的顶点集合(用 S 表示，初始时 S 中只有一个源点，以后每求得一条最短路径 $v,\cdots,v_k$，就将 v_k 加入集合 S 中，直到全部顶点都加入 S 中，算法就结束了)。

　　第二组为其余未确定最短路径的顶点集合(用 U 表示)，按最短路径长度的递增次序依次把第二组的顶点加入 S 中。在加入的过程中，总保持从源点 v 到 S 中各顶点的最短路径长度不大于从源点 v 到 U 中任何顶点的最短路径长度。

　　迪杰斯特拉算法的具体步骤如下：

　　(1) 初始时，S 只包含源点，即 $S=\{v\}$，v 的距离为 0。U 包含除 v 外的其他顶点，U 中顶点 u 距离为边上的权(v 与 u 有边，即 $\langle v,u \rangle$)或∞(u 不是 v 的出边邻接点)。

　　(2) 从 U 中选取一个距离 v 最小的顶点 k，把 k 加入 S 中(该选定的距离就是 v 到 k 的最短路径长度)。

　　(3) 以 k 为新考虑的中间点，修改 U 中各顶点的距离。若从源点 v 到顶点 $u(u \in U)$ 的距离(经过顶点 k)比原来距离(不经过顶点 k)短，则修改顶点 u 的距离值，修改后的距离值的顶点 k 的距离加上边 $\langle k,u \rangle$ 上的权。

　　(4) 重复步骤(2)和(3)直到所有顶点都包含在 S 中。

　　计算过程中需要三个整型数组 s、dist 和 path，数组大小与图的顶点数相等，第 i 项分别保存顶点 i 是否已经加入 S、源点到顶点 i 当前最短路径长度和源点到顶点 i 的最短路径。数组 s 的每一项用 0 表示不在集合 S 中，1 表示在 S 中。dist 初始均为无穷大，path 初始均为-1。

　　你可能会奇怪为什么顶点 i 的最短路径可以由一个整数来表示。由于最短路径的子路径也是最短路径(反证法可证明)，因此 path 中只保存了源点到顶点 i 的路径上距离 i 最近的顶点 j，而 j 之前一个顶点又可通过 path[j]获得，由此可以记录源点到 i 的最短路径。

　　如图 7-15 左侧所示的有向图，要计算顶点 0 到其他顶点的最短路径，s、dist 和 path 的初始情况如图 7-15 右侧表格所示。首先将顶点 0 加入 S，然后更新顶点 0 到 1、2、3 的当前最短路径 dist，如图 7-16 左侧的虚线所示，可以看到 s、dist 和 path 的变化反映在图 7-16 右侧表中。

　　接下来将当前不在 S 内的所有顶点中 dist 最小的顶点 1 加入 S 中，然后更新和顶点 1 直接相连的那些顶点的 dist(顶点 2 和顶点 4，如图 7-17 左侧虚线所示)，因为源点 0 到顶点 1 的当前最短路径值 dist[1] + 顶点 1 到顶点 2 的边的权值 $w_{12} = 4+1 = 5 < 6 = $ dist[2]，所以将 dist[2]更新为 5，同理，将 dist[4]由∞更新为 4+7=11。并同步更新对应的 path[2]和 path[4]，使它们都记录当前所得到的最短路径值所对应的最短路径最后经过顶点 1(图 7-17 右侧表)。

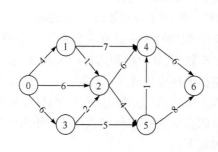

序号	s	dist	path
0	0	0	-1
1	0	∞	-1
2	0	∞	-1
3	0	∞	-1
4	0	∞	-1
5	0	∞	-1
6	0	∞	-1

图 7-15　最短路径示例

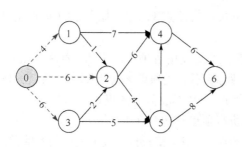

序号	s	dist	path
0	1	0	-1
1	0	4	0
2	0	6	0
3	0	6	0
4	0	∞	-1
5	0	∞	-1
6	0	∞	-1

图 7-16　迪杰斯特拉算法步骤 1

以此类推，最终最短路径计算的结果如图 7-18 所示。

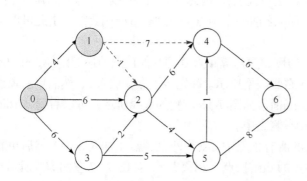

序号	s	dist	path
0	1	0	-1
1	1	4	0
2	0	5	1
3	0	6	0
4	0	11	1
5	0	∞	-1
6	0	∞	-1

图 7-17　迪杰斯特拉算法步骤 2

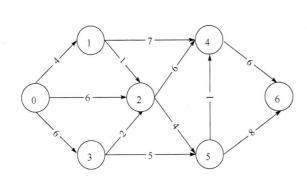

序号	s	dist	path
0	1	0	-1
1	1	4	0
2	1	5	1
3	1	6	0
4	1	10	5
5	1	9	2
6	1	16	4

图 7-18 迪杰斯特拉算法最终结果

假定采用邻接矩阵表示法，以二维数组 edges 作为图的输入，顶点个数为 n，迪杰斯特拉算法的实现代码如下：

```
/*前向递归查找路径上的顶点*/
void Ppath(int path[],int i,int v0)
{
    int k;
    k=path[i];
    if (k==v0)  return;    /*找到了起点，则返回*/
    Ppath(path,k,v0); /*找 k 顶点的前一个顶点*/
    printf("%d,",k);   /*输出 k 顶点*/
}
/*输出路径*/
void Dispath(int dist[],int path[],int s[],int n,int v0)
{
    int i;
    for (i=0;i<n;i++)
        if (s[i]==1)
        {
            printf("从%d到%d的最短路径长度为:%d\t 路径为:",v0,i,dist[i]);
            printf("%d,",v0);      /*输出路径上的起点*/
            Ppath(path,i,v0);       /*输出路径上的中间点*/
            printf("%d\n",i);       /*输出路径上的终点*/
        }
        else
            printf("从%d到%d不存在路径\n",v0,i);
}
/*Dijkstra算法*/
void Dijkstra(int edges[][MAXV],int n,int v0)
```

```
{
    int dist[MAXV],path[MAXV];
    int s[MAXV];
    int mindis,i,j,u;
    for (i=0;i<n;i++)
    {
        dist[i]=edges[v0][i];          /*距离初始化*/
        s[i]=0;                        /*s[]置空*/
        if (edges[v0][i]<INF)          /*路径初始化*/
            path[i]=v0;
        else
            path[i]=-1;
    }
    s[v0]=1;path[v0]=0;         /*源点编号 v0 放入 s 中*/
    for (i=0;i<n;i++)     /*循环直到求出所有顶点的最短路径*/
    {
        mindis=INF;
        u=-1;
        for (j=0;j<n;j++)   /*选取不在 s 中且具有最小距离的顶点 u*/
            if (s[j]==0 && dist[j]<mindis)
            {
                u=j; mindis=dist[j];
            }
        s[u]=1;                    /*顶点 u 加入 s 中*/
        for (j=0;j<n;j++)        /*修改不在 s 中的顶点的距离*/
            if (s[j]==0)
                if (edges[u][j]<INF && dist[u]+edges[u][j]<dist[j])
                {
                    dist[j]=dist[u]+edges[u][j]; path[j]=u;
                }
    }
    Dispath(dist,path,s,n,v0);          /*输出最短路径*/
}
```

7.5.2　任意两点间的最短路径

可以通过以每个顶点作为源点循环求出每对顶点之间的最短路径，但是其中肯定包含了许多重复的冗余计算。为此，弗洛伊德(Floyd)提出了一种算法，可以更加高效地求两顶点之间的最短路径。

弗洛伊德算法的基本思想非常简单：假设所有的顶点编号为 $1,2,\cdots, n$。定义 $A_{ij}^{(k)}$ 是从顶点 i 到顶点 j，允许经过除 i、j 编号为 $1, 2, \cdots , k$ 顶点的最短路径值 (图 7-19)。那么存在以下递归关系：

$$A_{ij}^{(k)} = \min(A_{ij}^{(k-1)}, A_{ik}^{(k-1)} + A_{kj}^{(k-1)})$$

也就是说，现在已知 $A_{ij}^{(k-1)}$，而且刚刚允许路径经过顶点 k，那么新的最短路径只有两种可能：第一种情况，新的最短路径与之前不经过顶点 k 的最短路径相同，仍然为 $A_{ij}^{(k-1)}$；第二种情况，新的最短路径经过顶点 k，如果经过顶点 k，那么新的最短路径一定是从 i 到 k 的最短路径，以及从 k 到 j 的最短路径，即 $A_{ik}^{(k-1)} + A_{kj}^{(k-1)}$。因此，新的最短路径是以上两种情况值更小的那个。

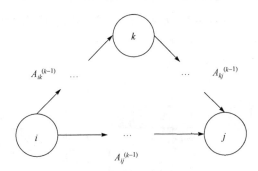

图 7-19　弗洛伊德算法思想

　　根据之前对递归的了解，如果在编程实现时使用递归，势必造成大量的重复计算，效率不高。因此，更高效的方法是从 $k=0$ 开始向后逐层计算并保存。之后每次计算 k 值时可以直接使用之前 $k-1$ 计算的结果，而不是递归展开。这种用递归的方法分析问题，最后却按照顺序从头实现的方法称为动态规划，后面还会用专门的章节介绍这种方法。

　　如图 7-20 所示的有向图，按照弗洛伊德算法，首先需要用两个二维数组保存当前最短路径值和路径 $A^{(k)}$、$\text{Path}^{(k)}$，$A^{(-1)}$ 保存顶点 i 和 j 不允许经过任何其他顶点的最短路径值，因此就是图的邻接矩阵。$\text{Path}^{(-1)}$ 的表示方法与迪杰斯特拉算法相同，初始值均为 -1。

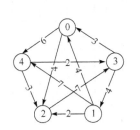

图 7-20　弗洛伊德算法示例

　　基于 $A^{(-1)}$ 可以计算 $A^{(0)}$ 的值。此时应关注的是矩阵 A 第 0 行和第 0 列的数据。如图 7-21 所示，例如，要判断是否需要更新顶点 1 到顶点 2 的最短路径，那么首

先计算 $A_{12}^{(0)}$经过0的最短路径 $=A_{10}^{(0)}+A_{02}^{(0)}=4+4=8$，因为当前 $A_{12}^{(0)}$ 已经有更小的最短路径 2 了，因此不更新 $A_{12}^{(0)}$ 。

如图 7-22 所示，经过对矩阵各位置的计算，可以发现需要更新的是 $A_{32}^{(0)}$ 和 $A_{34}^{(0)}$ ，这两处原来的值都是无穷大，现在分别可以计算出 $A_{32}^{(0)}=3+4=7$ ，$A_{34}^{(0)}=3+6=9$ ，并同步更新 Path$^{(0)}$对应的值，最后一个经过的顶点为 0。

接下来更新 $A^{(1)}$，如图 7-23 所示，可以发现需要更新的是 $A_{32}^{(1)}$ ，因为得到了更小的最短路径值 6，并同步更新 Path$^{(1)}$对应的值。

最终的更新结果如图 7-24 所示。

$A^{(0)}$

	0	1	2	3	4
0	0	∞	4	∞	6
1	4	0	2	∞	7
2	∞	∞	0	7	∞
3	3	4	∞	0	∞
4	∞	∞	3	2	0

图 7-21　弗洛伊德算法 A 的计算方法

$A^{(0)}$

	0	1	2	3	4
0	0	∞	4	∞	6
1	4	0	2	∞	7
2	∞	∞	0	7	∞
3	3	4	7	0	9
4	∞	∞	3	2	0

Path$^{(0)}$

	0	1	2	3	4
0	−1	−1	−1	−1	−1
1	−1	−1	−1	−1	−1
2	−1	−1	−1	−1	−1
3	−1	−1	0	−1	0
4	−1	−1	−1	−1	−1

图 7-22　弗洛伊德算法 $A^{(0)}$的更新结果

$A^{(1)}$

	0	1	2	3	4
0	0	∞	4	∞	6
1	4	0	2	∞	7
2	∞	∞	0	7	∞
3	3	4	6	0	9
4	∞	∞	3	2	0

Path$^{(1)}$

	0	1	2	3	4
0	−1	−1	−1	−1	−1
1	−1	−1	−1	−1	−1
2	−1	−1	−1	−1	−1
3	−1	−1	1	−1	0
4	−1	−1	−1	−1	−1

图 7-23　弗洛伊德算法 $A^{(1)}$的更新结果

弗洛伊德算法的参考代码如下：

```
void Floyd(int edges[][MAXV],int n)
{
   int A[MAXV][MAXV],path[MAXV][MAXV];
```

```
int i,j,k;
for (i=0;i<n;i++)
    for (j=0;j<n;j++)
    {
        A[i][j]=edges[i][j];
        path[i][j]=-1;
    }
for (k=0;k<n;k++)
    for (i=0;i<n;i++)
        for (j=0;j<n;j++)
            if (A[i][j]>(A[i][k]+A[k][j]))
            {
                A[i][j]=A[i][k]+A[k][j];
                path[i][j]=k;
            }
}
```

$A^{(4)}$

	0	1	2	3	4
0	0	12	4	8	6
1	4	0	2	9	7
2	10	11	0	7	16
3	3	4	6	0	9
4	5	6	3	2	0

$Path^{(4)}$

	0	1	2	3	4
0	-1	4	-1	4	-1
1	-1	-1	-1	2	-1
2	3	3	-1	-1	3
3	-1	-1	1	-1	0
4	3	3	-1	-1	-1

图 7-24 弗洛伊德算法的最终更新结果

7.6 拓 扑 排 序

拓扑排序是指对于具有先后次序约束的一系列活动, 给出一种满足约束条件的执行顺序。例如, 学生在学习大学课程的时候, 课程之间有先修课的关系, 要学习数据结构课程应该先学习高级语言程序设计课程, 学习计算机视觉课程应该先学习数字图像处理和机器学习课程等。现在已知这些课程之间的先后关系, 要求排出一种合理的学习顺序。

拓扑排序的关键在于设计合适的数据结构, 有向图就是一种不错的选择。有向图的顶点可以表示各个活动, 有向图的边表示先后关系, 如果活动 u 是活动 v 的先决条件(如先修课), 那么 u 有一条指向 v 的边 $\langle u, v \rangle$。这种有向图称为**活动**

网络(activity on vertex network)或者 **AOV** 网络。

AOV 网络里面不能出现环路,因为环路意味着先后次序的混乱。

选定了有向图作为数据结构后,拓扑排序的过程就变得非常简单了:

(1) 在图中选择入度为 0 的顶点输出。

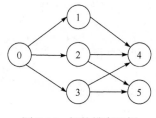

图 7-25　拓扑排序示例

(2) 从图中删除该顶点和所有以它为起点的边。

(3) 重复步骤(1)和(2),直到所有顶点都已经输出。

对于如图 7-25 所示的有向图,根据拓扑排序算法,删除顶点和边的过程如图 7-26(a)~(f)所示。首先删除入度为 0 的顶点 0,然后删除与顶点 0 相连的顶点 1、2、3 对应的边。接下来删除顶点 3,并删除与顶点 3 相连的顶点 4、5 对应的边,依次类推。

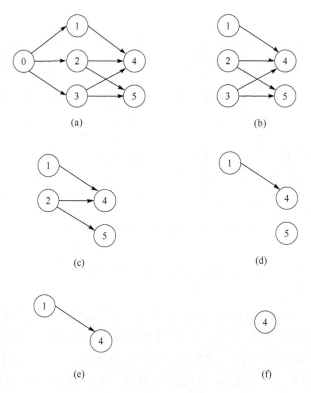

图 7-26　拓扑排序过程

为了实现拓扑排序算法,对于给定的有向图,采用邻接表作为存储结构,为每个顶点设立一个链表,每个链表有一个表头结点,这些表头结点构成一个数组,表头结点中增加一个存放顶点入度的域 count,即将邻接表定义中的 VNode 类型修改如下：

```
typedef struct                /*表头结点类型*/
{
    Vertex data;              /*顶点信息*/
    int count;                /*存放顶点入度*/
    ArcNode *firstarc;        /*指向第一条弧*/
} VNode;
```

拓扑排序的参考代码如下：

```
void TopSort(VNode adj[],int n)
{
    int i,j;int St[MAXV],top=-1;  /*栈St的指针为top*/
    ArcNode *p;
    for (i=0;i<n;i++)
        if (adj[i].count==0)     /*入度为0的顶点入栈*/
        {
            top++; St[top]=i;
        }
    while (top>-1)          /*栈不为空时循环*/
    {
        i=St[top];top--;                    /*出栈*/
        printf("%d ",i); p=adj[i].firstarc;
        while (p!=NULL)
        {
            j=p->adjvex; adj[j].count--;
            if (adj[j].count==0)
            {
                top++;  St[top]=j;
            }
            p=p->nextarc;              /*找下一个相邻顶点*/
        }
    }
}
```

7.7　信息学竞赛中图的应用

例 7-3　小镇法官。

在一个小镇里，按从 1 到 N 标记了 N 个人。传言称，这些人中有一个是小镇上的秘密法官。如果小镇的法官真的存在，那么：

(1) 小镇的法官不相信任何人。

(2) 每个人(除了小镇法官)都信任小镇的法官。

(3) 只有一个人同时满足属性(1)和属性(2)。

给定数组 trust, 该数组由信任对 trust[i] = [a, b] 组成, 表示标记为 a 的人信任标记为 b 的人。

如果小镇存在秘密法官并且可以确定他的身份, 请输出该法官的标记, 否则输出-1。

输入格式:

第一行输入 N, 第二行输入信任对个数, 从第三行开始每行输入两个数据, 为一个信任对。

输出格式:

法官标记。

示例 1:

输入:

3

2

1 3

2 3

输出:

3

示例 2:

输入:

3

3

1 3

2 3

3 1

输出:

−1

将所有人看成图的顶点, 将信任对看成图的边, 法官是出度为 0、入度为 $n-1$ 的顶点。

参考代码如下:

```
#include <iostream>
#include <vector>
using namespace std;

int main()
{
    int n;
    int np;
```

```
cin >> n;
cin >> np;
vector<int> in(n+1, 0);      //入度
vector<int> out(n+1, 0);     //出度
int a, b, i;
for (i = 1; i <= np; i++) {
    cin >> a >> b;
    out[a]++;
    in[b]++;
}
for(int i = 1; i <= n; i++){
    if(in[i] == n - 1 && out[i] == 0) {
        cout << i << endl;
        break;
    }
}
if (i > n) {
    cout << -1 << endl;
}
return 0;
}
```

例 7-4　房间与钥匙。

有 N 个房间,开始时你位于 0 号房间。每个房间有不同的号码,即 0, 1, ⋯, $N-1$,并且房间里可能有一些钥匙能使你进入下一个房间。

在形式上,对于每个房间 i,都有一个钥匙列表 rooms[i],每个钥匙 rooms[i][j] 由[0,1, ⋯, $N-1$] 中的一个整数表示,其中 N = rooms.length。钥匙 rooms[i][j] = v 可以打开编号为 v 的房间。

最初,除 0 号房间外的其余所有房间都被锁住。

你可以自由地在房间之间来回走动。

若能进入所有房间则输出 1,否则输出 0。

输入格式:

第一行输入房间数量 N。

接下来的输入由 2N 行构成。奇数行为第 0, 1, ⋯, $N-1$ 房间内的钥匙数;偶数行为第 0, 1, ⋯, $N-1$ 房间内的钥匙能打开的房间编号,以空格隔开,若房间没有钥匙,则该行为空行。

输出格式:

1 或 0,表示是否能进入所有房间。

示例 1:

输入:

4

```
1
1
1
2
1
3
0
```
输出：

1

示例说明：

从 0 号房间开始，拿到钥匙 1。

之后去 1 号房间，拿到钥匙 2。

然后去 2 号房间，拿到钥匙 3。

最后去了 3 号房间。

示例 2：

输入：

```
4
2
1 3
3
3 0 1
1
2
1
0
```

输出：

0

示例说明：

不能进入 2 号房间。

　　将房间看成顶点，房间内的钥匙看成房间顶点的邻接顶点，采用深度优先搜索遍历房间即可。用 visited 数组记录当前已经访问的房间，深度优先遍历运行结束后，如果还有未访问的房间，即表示不能进入。

　　参考代码如下：

```
#include <iostream>
#include <vector>
```

```
using namespace std;
vector<int> visited(100, 0);
void dfs(vector<vector<int>> rooms, int iRoom) {
    vector<int> keys = rooms[iRoom];
    for (int i = 0; i < keys.size(); i++) {
        if (visited[keys[i]] == 0) {
            visited[keys[i]] = 1;
            dfs(rooms, keys[i]);
        }
    }
}

int main()
{
    vector<vector<int>> rooms;
    int n, m, k;
    int i, j;
    cin >> n;
    for (i = 0; i < n; i++) {
        cin >> m;
        vector<int> keys;
        for (j = 0; j < m; j++) {
            cin >> k;
            keys.push_back(k);
        }
        rooms.push_back(keys);
    }
    visited[0] = 1;
    dfs(rooms, 0);
    int flag = 0;
    for (i = 0; i < n; i++) {
        if (visited[i] == 0) {
            flag = 1;
            cout << 0 << endl;
            break;
        }
    }
    if (flag == 0) {
        cout << 1 << endl;
    }
    return 0;
}
```

习　题

选择题

1. 假设一个图各顶点入度之和为 100，则该图各顶点出度之和为(　　)。

A. 0　　　　　　　B. 100　　　　　　　C. 200　　　　　　　D. 不能确定

2. 假设一个图有 16 个结点，则至少需要(　　)条边才能保证它是连通图。

A. 15　　　　　B. 16　　　　　　C. 17　　　　　　D. 18

编程题。

3. 选修课程。

你这个学期必须选修 numCourse 门课程，记为 0 到 numCourse−1 。在选修某些课程之前需要一些先修课程。例如，想要学习课程 0，你需要先完成课程 1，用一个匹配来表示它们：[0,1]。

给定课程总量以及它们的先决条件，请你判断是否可能完成所有课程的学习？

输入格式：

第一行输入课程总数，第二行输入匹配总数，第三行开始每行输入两个数字，表示一个匹配。

输出格式：

1 或 0，表示可以或不能完成所有课程的学习。

示例：

输入：

2

1

1 0

输出：

1

示例说明：

总共有 2 门课程。学习课程 1 之前，你需要完成课程 0，所以可以完成课程。

4. 网络延迟时间。

给定一个列表 times，表示信号经过有向边的传递时间。 times[i] = (u, v, w)，其中 u 是源结点，v 是目标结点，w 是一个信号从源结点传递到目标结点的时间。现在，从某个结点 K 发出一个信号。至少需要多久才能使所有结点都收到信号？如果不能使所有结点收到信号，输出−1。

输入格式：

第一行输入网络结点个数，第二行输入源结点 K 编号，第三行输入所有有向边的个数，第四行开始每行输入一条有向边的信息，信息格式为三个数字，分别代表 u、v、w。

输出格式：

若所有结点能够收到信号，则输出最短时间，否则输出–1。

示例：

输入：

4

2

3

2 1 1

2 3 1

3 4 1

输出：

2

示例说明：

网络结构如图 7-27 所示。

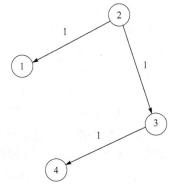

图 7-27　信号网络示意图

第 8 章 排　序

目前我们已经学习了三大类重要的数据结构——线性结构、树形结构和图状结构，并且学习了一系列算法，包括非常重要的分治法。在本章和第 9 章中，我们将利用之前学习的数据结构和算法，详细研究编程中需要频繁用到的两项功能——排序和查找，本章首先学习排序。

在学习程序设计语言时，读者应该已经接触过一些排序算法，如冒泡排序等，当时这些算法被当成程序设计语言语法的示例，其重点在于保证排序逻辑的正确性，对其效率则没有过多的要求和分析。然而，对于一个大型的系统，每秒钟需要进行成百上千次的排序操作，而每一次排序可能都涉及百万条以上数据，排序效率的高低直接影响系统的运行速度。高效的排序算法不仅能在相同硬件条件下让系统提速，而且能够在相同的运行速度下购买更少的硬件资源，节省运营成本。

本章为了突出排序算法的核心部分，假定待排序的所有数据都是整型数组，并且按照从小到大的顺序排序，如果数组有两项数据相等，那么谁排前面无所谓。读者应该能够根据我们之前所学的知识，将这些算法改写到自定义数据类型中。本章所有的数组排序代码函数全部是 $f(\text{int } a[], \text{int } n)$ 的形式，参数 a 表示数组的首地址，n 表示数组中存放的元素个数。

计算机科学家一直没有停止对排序算法的研究，20 世纪 50 年代到 60 年代是排序算法理论研究的最高峰，目前单台计算机使用的主要算法都来自那个时期的研究成果，之后的研究则逐渐转向了分布式、输入输出瓶颈和某些特定应用场景限制等，已经不是纯粹对排序算法本身的研究了。由于排序算法实在太多，各具特点，这里只选择了几种最常见的、有代表性的方法介绍给大家，分别是冒泡排序、插入排序、归并排序、快速排序、堆排序和基数排序。

8.1　冒　泡　排　序

8.1.1　冒泡排序算法

冒泡排序(bubble sort)是在学习程序设计语言中常常介绍的一种排序算法，这里先简要复习一下冒泡排序的基本原理。

如图 8-1 和图 8-2 所示，冒泡排序步骤如下：

(1) 比较相邻两个元素，如果前一个比后一个大，则交换两个元素。

(2) 从第一个元素开始，对每一个元素和后一个元素进行(1)操作，最大的一个数据会被交换到数组中最后一个位置。因为最大的数据经过交换慢慢"浮到"顶端，所以这个过程称为"冒泡"。

(3) 对除了最后一项数据外的其他数据重复步骤(2)，可将第二大的数据交换到数组的倒数第二个位置。

(4) 类似(3)，反复持续(2)的过程，每次减少一个需要处理的数据，直到需要处理的数据不足两项(不用再交换)。

假定待排序的数据共有 n 项，冒泡排序共需要进行 $n-1$ 趟遍历，第 i 趟需要处理前 $n-i+1$ 个数据。

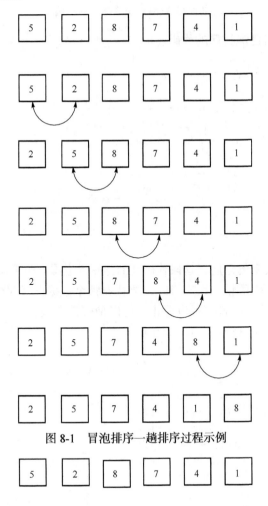

图 8-1　冒泡排序一趟排序过程示例

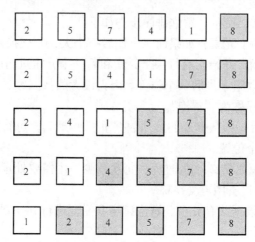

图 8-2 冒泡排序总体过程示例

由此可以写出冒泡排序的代码:

```c
#include <stdio.h>
void bubbleSort(int a[], int n) {
    int i, j;
    for (i = 0; i < n - 1; i++) {
        for (j = 0; j < n - i - 1; j++) {
            if (a[j] > a[j + 1]) {
                int tmp = a[j];
                a[j] = a[j + 1];
                a[j + 1] = tmp;
            }
        }
    }
}
```

从代码执行效率的角度,这段代码还有进一步优化的可能。当某一轮的"冒泡"过程中没有发生哪怕一次交换时,意味着整个数据已经完全排序好,不需要再进行下一轮"冒泡",排序可以停止。可以把代码改成:

```c
void bubbleSort(int a[], int n) {
    int i, j;
    for (i = 0; i < n - 1; i++) {
        int swapped = 0;
        for (j = 0; j < n - i - 1; j++) {
            if (a[j] >a[j + 1]) {
                int tmp = a[j];
                a[j] = a[j + 1];
                a[j + 1] = tmp;
                swapped = 1;
            }
```

```
        }
        if (swapped == 0) {
            break;
        }
    }
}
```

8.1.2　冒泡排序的时间复杂度

　　冒泡排序的效率如何？容易看出，如果初始数据为"正序"(即从小到大)排列，算法只需要进行一轮冒泡，即 $n-1$ 次比较后就会结束。如果初始数据为"逆序"(即从大到小)排列，算法需要进行 $n-1$ 轮冒泡，其中第 i 轮需要比较 $n-i$ 项数据，显然时间复杂度是 $O(n^2)$。

　　冒泡排序的平均时间复杂度是多少呢？显然不能简单地把最好情况和最坏情况相加除以 2，因为最好情况和最坏情况出现的概率不一定相同，而且不太好和不太坏的情况更加说不清。不过可以利用原始数据排列的随机性进行这样估算：如果数据是随机排列的，那么某个整数开始所在的位置距离它排好序时该在的位置的平均距离应该是 $n/2$，在冒泡排序中，任意一个整数只能通过前后两个整数交换的方式移动位置，也就是说它移动到排好序时该在的位置需要至少 $n/2$ 次操作，对于 n 个整数，平均时间复杂度也是 $O(n^2)$。

8.2　插　入　排　序

8.2.1　插入排序算法

　　插入排序(insertion sort)的过程类似于打牌时抓牌的过程，很多朋友大概都有这种习惯，始终保持手中已经抓到的牌是有序的，每拿到一张新牌，就把它插入手中牌的合适位置，保持手中牌的有序状态。打牌时这可能是个坏习惯，因为你的对手可以从你牌背面的形状和你出牌的情况分析你剩下些什么牌，不过对于插入排序这是一个极好的类比。

　　如图 8-3 所示，插入排序算法需要两层嵌套循环，第一层循环用 i 作为指示器，从数据的第 1 项开始向后，到数据的最后一项结束，对第 i 个元素按规则进行插入(第 0 项不需要插入)；第二层循环用 j 作为指示器，从数据的第 $i-1$ 项开始向前寻找，到数据的第 0 项结束，逐项与数据的第 i 项进行比较，找出第 i 项的插入位置，然后将从 $j+1$ 到 $i-1$ 的数据都向后移动一位，并且将第 i 项插入。

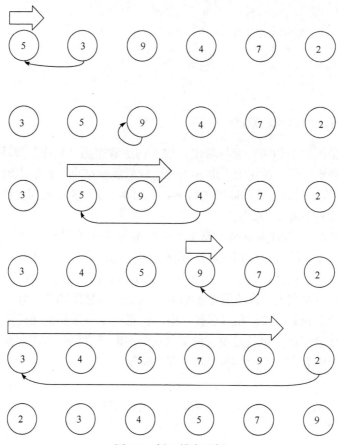

图 8-3　插入排序示例

插入排序的代码如下：

```
void insertionSort(int a[], int n) {
    int i, j;
    for (i = 1; i < n; i++) {
        for (j = i - 1; j >= 0 && a[i] < a[j]; j--);

        if (j != i - 1) {
            //右移并插入
            int tmp = a[i];
            for (int k = i; k > j + 1; k--) {
                a[k] = a[k - 1];
            }
            a[j + 1] = tmp;
        }
    }
}
```

8.2.2 插入排序的时间复杂度

无论是否执行右移和插入，插入排序算法都至少会进行比较操作。最坏情况下，插入排序的第 i 轮要将第 i 项数据与前 $i-1$ 项数据进行比较，即需要 $i-1$ 次比较操作；平均情况下，插入排序的第 i 轮需要执行 $(i-1)/2$ 次比较操作。这种比较共需要进行 $n-1$ 轮。因此，插入排序算法的最坏情况时间复杂度和平均情况时间复杂度都是 $O(n^2)$。冒泡排序和插入排序都属于比较基本的排序算法，与后面介绍的排序算法相比，它们的时间复杂度都属于最高的。不过虽然插入排序与冒泡排序的时间复杂度完全相同，但时间复杂度只能表示到数量级，其常数项不能体现，也就是说执行效率仍然可能会有数倍的差异。实际上冒泡排序速度更慢，因为冒泡与插入排序比较次数差不多，但冒泡排序的交换次数则要多出很多。Knuth 曾在《计算机程序设计艺术》中戏称冒泡排序是一个"不值得推荐"的算法。

8.3　归　并　排　序

8.3.1 归并排序算法

在第 2 章我们学习了两个有序线性表的合并算法，**归并排序(merge sort)**算法的思想正是源于这个算法。假定数组的前一半和后一半分别都是有序的，那么可以用类似的合并算法将这两个"子数组"合并成一个有序数组。如何保证半个数组有序呢？只要这半个数组的前一半和后一半是有序的，那么就可以将它用合并算法合并成有序的。按照这个逻辑，最终所有的子数组会被分解到只剩一项，而只剩一项的数组是不需要排序的，再逐层合并起来即可。这里再一次用到了分治法，把问题递归地一分为二，逐层解决。

如图 8-4 所示，归并排序的算法可以这样递归描述。

假定需要对长度为 n 的数组 $a[0]\sim a[n-1]$ 进行排序，那么：

(1) 若 $n=1$，则算法结束。

(2) 若 $n>1$，则对子数组 $a[0]\sim a[n/2]$ 和 $a[n/2+1]\sim a[n-1]$ 分别进行递归的归并排序。

(3) 对两部分已排序的子数组进行合并。

这个算法效率的关键在于合并部分的实现。之前学习过两种不同数据结构的合并操作，即顺序表合并和链表合并。这里要处理的数据是紧密排列好的数组，因此看上去更像是顺序表的合并，如果使用顺序表合并算法，就需要另外分配和数组大小相同的一块内存作为缓冲区，存放合并后的数据。因为实际上并不需要保存数据原始的顺序，所以也可以用链表合并的方法来进行处理，即将数组改造为静态链表，为每个元素增加一项 next，next 中存放了该元素的下一个元素在数组中的位置。同样，这种方法也需要分配和数组大小相同的内存存放 next。下面的代码使用了前一种方法，读者也可以自己尝试使用后一种方法来实现归并排序。

　　另外，在实现递归的归并排序的代码时，不能简单地用 0 来作为子数组的起点，或者用 $n-1$ 来作为子数组的终点，这是因为子数组有可能是分割后数组中间的任意一段。所以，递归函数中的参数需要分别用 low 和 high 来表示子数组的起点和终点。

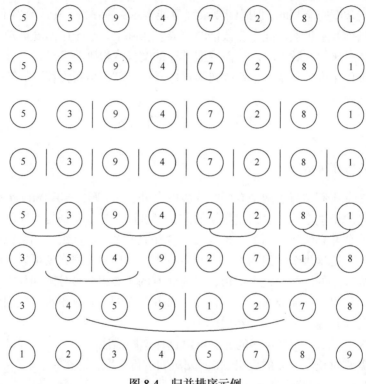

图 8-4　归并排序示例

归并排序的代码如下：

```
//合并 src 数组中两个已经部分排序的子数组
//第一个子数组的位置从 low 到 mid，第二个子数组的位置从 mid 到 high
//cache 数组与 src 数组大小相同，用作缓存合并结果
//合并完成后将 cache 的结果复制回 src
void merge(int src[], int cache[], int low, int mid, int high) {
    int i, j, k;
    for (i = low, j = mid + 1, k = low; i <= mid && j <= high; k++) {
        if (src[i] < src[j])
            cache[k] = src[i++];
```

```
        else
            cache[k] = src[j++];
    }
    while (i <= mid)
        cache[k++] = src[i++];
    while (j <= high)
        cache[k++] = src[j++];
    for (i = low; i <= high; i++) {
        src[i] = cache[i];
    }
}
```
的岩

```
//利用分治法，对数组 src 从 low 到 high 的部分进行归并排序
void doMergeSort(int src[], int cache[], int low, int high) {
    if (low != high) {
        int mid = low + (high - low) / 2;
        doMergeSort(src, cache, low, mid);
        doMergeSort(src, cache, mid + 1, high);
        merge(src, cache, low, mid, high);
    }
}
```

```
//调用 doMergeSort，对长度为 n 的数组 a 进行归并排序
void mergeSort(int a[], int n) {
    int* cache = new int[n];
    doMergeSort(a, cache, 0, n-1);
    free(cache);
}
```

注意，在 doMergeSort 函数中，从 low 到 high 一分为二时，用的是 mid = low + (high – low) / 2，而不是 mid = (low + high) / 2。这是一个在编程时经常用到的小细节，因为当数组的长度非常大时，low 和 high 可能都接近整型表示的上限，low+high 会超过上限溢出，从而变成一个不正确的数值，low + (high – low) / 2 则没有这种危险。如果公司安排你编写类似排序算法且该算法将来可能会被很多其他同事使用，通常都要考虑更多的情况，并且进行更加严格的测试，因为这种基础算法中引入的任何错误都会有比较广泛的影响，而且难以排查。

8.3.2　归并排序的时间复杂度

在"栈与队列"一章的汉诺塔问题中，我们分析过使用分治法的汉诺塔问题的计算时间要比直觉上大得多。归并排序也使用了分治法，那么它是否比插入排序和冒泡排序需要更多的时间呢？

在第 2 章已经分析过，对两个总长度为 n 的已经部分排序的线性表进行合并

操作的实际复杂度是 $O(n)$，假定总长度为 n 的数组进行归并排序的时间是 $T(n)$，根据分治算法，$T(n) = 2T(n/2) + O(n)$，其中 $T(n/2)$ 表示对一分为二后的半个数组进行归并排序的时间。因此，归并排序的时间复杂度可以记为

$$T(n) = \begin{cases} O(1), & n = 1 \\ 2T(n/2) + O(n), & n > 1 \end{cases}$$

在对 $T(n)$ 进行求解时，公式中存在 $O(n)$ 是非常不便的，因此可以把它改写为

$$T(n) = \begin{cases} c_0, & n = 1 \\ 2T(n/2) + c_1 n, & n > 1 \end{cases}$$

其中，c_0、c_1 为常数。

下面的事情就变得很简单了，将 $T(n)$ 展开：

$$\begin{aligned} T(n) &= 2T(n/2) + c_1 n \\ &= 2(2T(n/4) + c_1 n/2) + c_1 n \\ &= 2(2(2T(n/8) + c_1 n/4) + c_1 n/2) + c_1 n \\ &\quad\quad \cdots\cdots \\ &= c_1 n \log_2 n + c_0 n \end{aligned}$$

最后一步看上去有些跳跃，不过一旦我们把整个过程展开成如图 8-5 所示的形式，读者会清楚地看到它是怎么来的。将整个递归式展开的过程画成一棵树，树的每一层代表一轮展开，所有 T 的函数在展开的过程中被替换成包含 c_0、c_1 和 n 的项目。可以清楚地看到，除了最后一层之外的每一层的所有结点加起来都是 $c_1 n$，而最后一层的所有结点加起来是 $c_0 n$。因为树的结点每次都是一分为二，所以树的高度为 $\log_2 n$。因此，将所有结点加起来，可以得到归并排序的时间复杂度是 $O(n \log n)$，平均时间复杂度和最坏时间复杂度都满足这个递归式，因此也都是相同的结果。

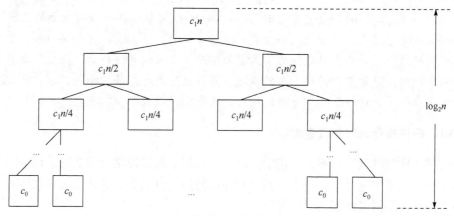

图 8-5　递归树

这种求时间复杂度的方法称为**递归树**。递归树展开不适合作为严格的证明，严格的证明可以使用数学归纳法。但是数学归纳法只能证明一个已知的命题，在使用数学归纳法证明之前，可以利用递归树先解出时间复杂度，这个过程并不需要十分严格，而且时间复杂度本身也只需要精确到 n 的数量级。可以看到，这个利用了递归函数层层调用，感觉好像不太快的排序方法，实际的运行效率相对于冒泡排序和插入排序有了数量级的提升。

8.4 快 速 排 序

8.4.1 快速排序算法

快速排序(quick sort)的名字有种舍我其谁的感觉，它等于在宣布其他的排序算法都是"慢速排序"。下面来了解一下这种"霸气"的排序算法。

快速排序同样利用了分治法的思想。如图 8-6 所示，首先任选一项数据 X 作为"枢轴"，然后通过和其他数据进行一系列的交换，让枢轴排列到排序完成时它应该在的位置，即枢轴左边的数据都比它小，右边的数据都比它大。然后与归并排序算法类似，对被枢轴分割开的左边部分和右边部分分别递归地采用同样的方法，重新选择任意一项枢轴，将它交换到正确位置，直到所有数据都交换到正确位置。

图 8-6　快速排序每趟排序需要完成的任务

显然，这里的关键问题是：每一层递归如何将枢轴交换到正确位置，交换方法越快，最终的排序算法效率必然越高，这也是快速排序的精妙之处。

下面用一个示例来看快速排序中一趟排序的过程。因为枢轴可以是数据的任意一项，就取第 0 项，即 5。如用两个变量 i 和 j 来表示枢轴对数据的分割，其中从数组位置 1 到 i 是小于枢轴的数据，从数组位置 i+1 到 j 是大于枢轴的数据，从 j 到数组结束是还没有进行比较和交换有待处理的数据，如图 8-7 所示。

图 8-7　快速排序一趟排序中的 i、j 的含义

如图 8-8 的数组一趟排序的过程如下：

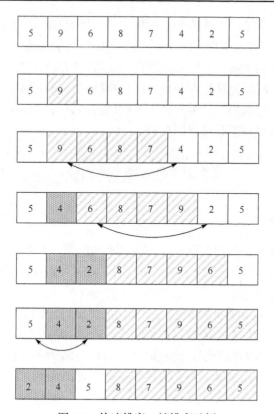

图 8-8　快速排序一趟排序示例

(1) 开始时，除了枢轴 5 以外的所有数据都属于待排序数据。

(2) 首先读取 9，因为 9 是大于 5 的数据，所以只要将 j 的值加 1，不需要任何移动，9 就自然地被划分到了属于它的区域。

(3) 随后相继读取 6、8、7，因为它们都大于 5，所以不断让 j 的值增加 1，大于枢轴 5 的区域不断扩展。

(4) 此时读到了一个小于枢轴的数据 4，需要把 4 调整到小于枢轴的部分，而消耗最少移动次数的方法，是直接将 4 与大于枢轴部分的第一项数据 9 进行交换，然后让 i 和 j 都加 1。这样一来，4 被调整到了合适的位置，小于枢轴的部分长度加 1，大于枢轴的部分长度不变。

(5) 随后读到了小于枢轴的数据 2，将 2 与大于枢轴部分的第一项数据 6 进行交换，并让 i 和 j 都加 1。

(6) 最后读到了数据 5，与枢轴相同，5 不动，j 加 1。

(7) 此时所有待排序数据都处理完毕，但是枢轴还没有放到正确的位置，因此将枢轴与小于枢轴部分的最后一项数据进行交换，使其落到正确位置。

　　弄清了一趟排序的步骤，相应地不难进行一趟排序的代码以及快速排序的实现。与归并排序一样，因为递归过程中快速排序是只针对数组的某个子数组的，所以递归函数的参数需要由 low 和 high 表示排序的开始位置和结束位置，枢轴会设置为 $a[low]$。具体代码如下：

```
//交换两个整数 a 和 b
void swap(int &a, int &b) {
    int tmp = a;
    a = b;
    b = tmp;
}

//对数组 a 从 low 到 high 的部分进行一趟排序，以 a[low] 为枢轴
int partition(int a[], int low, int high)
{
    int i = low;
    for (int j = low + 1; j <= high; j++)
    {
        if (a[low] > a[j])
        {
            i++;
            swap(a[i], a[j]);
        }
    }
    swap(a[low], a[i]);
    return i;
}

//递归地对数组 a 从 low 到 high 的部分进行快速排序
void quickSort(int a[], int low, int high)
{
    if (low < high)
    {
        int pivot = partition(a, low, high);
        quickSort(a, low, pivot - 1);
        quickSort(a, pivot + 1, high);
    }
}
```

8.4.2　快速排序的时间复杂度

　　既然快速排序和归并排序都利用了分治法，那么首先试着按计算归并排序时间复杂度的方法来计算快速排序的时间复杂度。容易看出，快速排序中对 n 项数据组成的子数组进行一趟排序的时间复杂度是 $O(n)$，因为一趟排序算法中只有一

层循环，循环的控制变量 j 从 low 到 high 每次加 1。

剩下的对分治法的分析就比较困难了。如果每一次选择的枢轴都刚好把数组分成相等数目的两部分，那么意味着我们有递归式 $T(n) = 2T(n/2) + O(n)$，此时快速排序与归并排序的时间复杂度递归式相同，之前我们已经推导过，这个递归式的时间复杂度是 $O(n\log n)$。这是快速排序最好的情况。

问题是不能保证每一次选择的枢轴都刚好把数组分成相等数目的两部分。考虑这样的一种情况，即数组本身就是有序的(但我们并不知道)，用快速排序对它进行排序。如果像我们提供的快速排序实现代码一样，每次选择第 0 项为枢轴，那么这个枢轴就是数组中最小的一项，它会把数据划分成左边 0 项，右边 $n-1$ 项。下一趟排序对右边 $n-1$ 项进行，选择的还是最小的一项，把数据划分成左边 0 项，右边 $n-2$ 项。以此类推。整个过程的时间复杂度递推式为 $T(n)=O(1)+T(n-1) + O(n)$。

使用之前的方法，将 $O(1)$ 和 $O(n)$ 替换成 c_0 和 c_1n，有

$$T(n) = c_0 + T(n-1) + c_1 n$$
$$= T(n-1) + c_1 n + c_0$$
$$= T(n-2) + c_1(n-1) + c_0 + c_1 n + c_0$$
$$\cdots\cdots$$
$$= c_1 \sum_{i=1}^{n} i + c_0 n$$
$$= O(n^2)$$

也就是说，在数组完全排好序的情况下，快速排序会糟糕到与插入排序和冒泡排序一样数量级的程度，如果数组是完全反序的情况下也一样，这是快速排序的最坏情况。那么问题来了：快速排序的平均时间复杂度是多少呢？或者说快速排序平均的划分是怎样的呢？

要回答这个问题，需要弄清楚归并排序和快速排序中为什么使用分治法会大大加速排序算法的效率。想必经过多次的推导过程的学习，许多读者已经清楚原因了：插入排序和冒泡排序每次只能正确地排好一项，剩下的数据还要再进行相互比较。而归并排序和快速排序分割的左右半区的数据此后是不再进行比较的，也就是说左半区的数据内部还会进行比较，但是左半区中的任意一项数据不会再和右半区的数据进行比较。通过这种方式，归并排序和快速排序有效减少了比较次数。因此，与其研究"平均划分"，不如研究"平均比较次数"。

为了分析平均比较次数，必须使用概率工具，而为了让前面的算法对不同输入数据处理的效率不受输入数据排列的影响，我们把它做一点小小的修改：每一趟排序选择的枢轴不是 $a[\text{low}]$，而是随机选择 low~high 位置的任意一项，包括 low 和 high。这个修改几乎不影响算法的实现，只要在一趟排序算法的第一步随

机选择一项，把它和 a[low]交换，剩下的代码都不变。假定随机数的产生是均匀的，那么可以认为，如果 low~high 有 p 个数，那么每个数被选择为枢轴的概率都是 $1/p$。

下面的推导用到了一个称为**指示器随机变量(indicator random variable)**的概念，它不是一种理论，而是概率推理中的一种技巧，它唯一的作用是把不同的情况写在同一个公式中便于推理。对于事件 A，指示器随机变量 $I(A)$ 定义为

$$I(A) = \begin{cases} 1, & A\text{发生} \\ 0, & A\text{不发生} \end{cases}$$

指示器随机变量有一个重要的性质：令 $X_A = I(A)$，则 $E(X_A) = P(A)$。其中 $E(X_A)$ 为 X_A 的数学期望，$P(A)$ 为事件 A 发生的概率。

这个性质很容易证明：

$$E(X_A) = E(I(A)) = 1 \cdot P(A) + 0 \cdot P(\overline{A}) = P(A)$$

现在可以正式开始分析快速排序的平均时间复杂度了，即快速排序到底发生了多少次比较。

首先注意快速排序的一个特点：每对元素至多只会比较一次。这是因为在快速排序中每个元素都只与枢轴进行比较，假定元素 x 和 y 第一次进行了比较，那么其中必有一项为当前枢轴，不妨设为 x。x 在这次一趟排序完成后就到了它在排序结束时的正确位置，以后再也不可能和 y 进行比较了。

把待排序的数据按照从小到大的顺序命名为 $z_1, z_2, \cdots, z_n$，其中 z_i 为第 i 小的数据。定义 $Z_{ij} = \{z_i, z_{i+1}, \cdots, z_j\}$ 为 z_i 到 z_j 的所有元素集合，定义指示器随机变量 $X_{ij} = I(z_i$ 和 z_j 比较)。那么快速排序的总比较次数也就是所有元素之间进行比较的次数应该为

$$X = \sum_{i=1}^{n-1} \sum_{j=i+1}^{n} X_{ij}$$

这里 X_{ij} 包含了发生比较和不发生比较两种情况，因此可以简单把 i 和 j 所有可能的取值累加起来。接下来运用指示器随机变量的性质：

$$E(X) = E\left(\sum_{i=1}^{n-1} \sum_{j=i+1}^{n} X_{ij} \right) = \sum_{i=1}^{n-1} \sum_{j=i+1}^{n} E(X_{ij}) = \sum_{i=1}^{n-1} \sum_{j=i+1}^{n} P(X_{ij})$$

也就是说，快速排序的平均比较次数是一个关于 $P(X_{ij})$ 的求和公式。于是问题来了：$P(X_{ij})$，即 z_i 和 z_j 发生比较的概率，究竟等于什么呢？

根据一趟排序算法的原则，当一个满足 $z_i < x < z_j$ 的元素 x 被选为枢轴后，z_i 和 z_j 会被划分到不同的集合，并且以后不会再进行比较。所以，z_i 和 z_j 进行比较的条件是 z_i 或 z_j 必须先于 Z_{ij} 中的其他元素被选为枢轴。因为 Z_{ij} 中共有 $j-i+1$ 个元素，且枢轴是随机选取的，所以选中 z_i 或 z_j 的可能性均为 $1/(j-i+1)$。所以：

$$E(X) = \sum_{i=1}^{n-1} \sum_{j=i+1}^{n} \frac{2}{j-i+1} = \sum_{i=1}^{n-1} \sum_{k=1}^{n-i} \frac{2}{k+1} < \sum_{i=1}^{n-1} \sum_{k=1}^{n} \frac{2}{k}$$

$$= \sum_{i=1}^{n-1} O(\log n) = O(n \log n)$$

其中的步骤用到了换元 $k = j - i$。

因此，快速排序的平均时间复杂度是 $O(n\log n)$。尽管看上去快速排序平均时间复杂度与归并排序持平，最坏情况时间复杂度不如归并排序，但快速排序在一般情况下的表现好于归并排序，这主要是因为：

(1) 快速排序最坏的情况出现的可能性较小。读者可以自己试着证明，假定快速排序的枢轴每次都把数据划分成长度为 10% 和 90% 的左右两段，在划分如此不平衡的情况下，时间复杂度仍然是 $O(n\log n)$。

(2) 虽然平均时间复杂度相同，但快速排序在常数项上比归并排序快，因为归并排序中需要先把数据合并到一个缓存数组，再从缓存复制回原来位置。

(3) 归并排序需要开辟缓存数组，其大小与原数组相等，也就是说归并排序的空间复杂度是 $O(n)$，而快速排序在空间上的复杂度是 $O(1)$。

所以，尽管存在极端情况下速度慢的缺点，但是快速排序仍然是一种通用性好、速度快并且实现简单的排序算法，也是目前使用最广泛的排序算法。不过这也并不是说归并排序就没有用武之地，在之前顺序表合并的章节我们就介绍过它在大数据环境下的价值。在处理大量数据时，单台计算机无论是 CPU 还是内存都不足以快速完成任务，这种情况下需要一种算法把任务进行划分，由每台计算机完成部分任务，再将部分完成的任务整合为最后的结果，例如，Google 公司著名的 Hadoop 分布式系统就是按照这种思想构造的，任务分解和合并的过程称为 Map 和 Reduce。

8.5　堆　排　序

本节学习用树结构来实现一种排序算法，称为**堆排序(heap sort)**。在介绍堆排序之前，需要先说明堆的概念。

8.5.1　堆的概念与建立堆的方法

这里先复习一下二叉树的一些知识。在之前的章节中，我们已经学习了二叉树的两种存储方式：数组法和链表法。数组法是先对二叉树所有可能存在结点的"插槽位置"从上到下、从左到右进行编号，然后用一个数组来表示这些插槽，并将实际有数据的那些结点存入数组对应编号的位置。链表法是为每个结点设置两个指针 left 和 right，分别指向结点的左子结点和右子结点。对于非完全二叉树，数组保存法显然会浪费大量的存储空间，而链表法则对二叉树的结构没有任何要求。因此，在"树"这一章的所有算法都是用链表法实现的，读者甚至可能觉得介绍数组表示法完全没有意义。

然而，如果需要存储的就是完全二叉树，情况则完全不同。完全二叉树不但可以在不浪费空间的情况下保存到数组里，而且任意一个结点可以不用指针就很容易地找到它的父结点和子结点。

这是因为完全二叉树数组满足这样的性质：对于数组位置 i 存储的结点，i 的父结点位置是 $parent(i) = \lfloor (i-1)/2 \rfloor$，$i$ 的左子结点位置是 $left(i) = 2i+1$，i 的右子结点位置是 $right(i) = 2i+2$。其中 i 从 0 开始计数，$\lfloor\ \rfloor$ 表示向下取整。

例如，图 8-9 中的完全二叉树，结点 B 的位置是 1，它的父结点位置是 $(1-1)/2 = 0$，它的左子结点位置是 $(2 \times 1 + 1) = 3$，它的右子结点位置是 $(2 \times 1 + 2) = 4$。

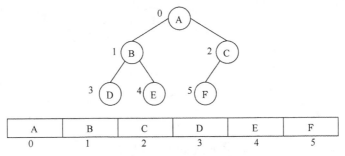

图 8-9 完全二叉树用数组存储示例

对于一棵完全二叉树，如果它的任意子树的根结点中存储的数据都大于其左右子结点中存储的数据，则将它称为**大根堆**(图 8-10)。如果它的任意子树的根结点中存储的数据都小于其左右子结点中存储的数据，则称它为**小根堆**。大根堆和小根堆的性质是相似的，本节后面介绍的都是大根堆。

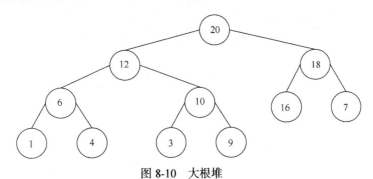

图 8-10 大根堆

怎样把一棵任意的完全二叉树变成堆呢？这个问题可以分解成一个更简单的问题：假定完全二叉树某个结点的左子树和右子树都是堆，怎样把以这个结点为根结点的子树调整成堆？

如图 8-11～图 8-13 所示，调整的过程可以描述如下：

(1) 比较结点 x 和它的左子结点、右子结点的大小。如果结点 x 是最大的，那么调整过程立即结束。如果子结点中一个有比 x 大，那么将它与那个子结点交换位置；如果两个子结点都比 x 大，那么把 x 与更大的那个子结点交换位置。

(2) 从 x 被交换到的新位置开始，重复上述过程，直到 x 没有子结点。

现在我们有了堆调整的算法，只不过它要求左右子树已经是堆。对于一个初始的完全二叉树，至少有一半结点是叶子结点(没有子结点的结点，原因请读者自己证明)。叶子结点显然是一个堆。因此，可以从数组 $n/2$ 的位置开始，倒着向前对每个结点运行一次对调整算法，这样整个堆就建立起来了。

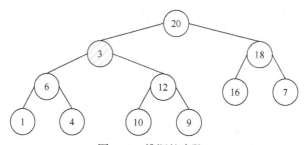

图 8-11　堆调整步骤 1

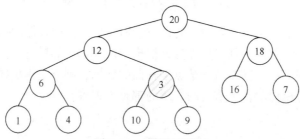

图 8-12　堆调整步骤 2

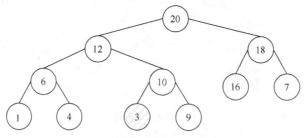

图 8-13　堆调整步骤 3

注意，我们这里需要完成的最终任务是数组排序，而任意一个数组都可以看成一棵完全二叉树，这就把完全二叉树和数组联系起来了。

可以利用之前完全二叉树找父子结点的方法去对树进行各种操作，从而完成堆调整和建堆的代码：

```
//找 i 的父结点
int parent(int i) {
    return (i - 1) / 2;
}

//找 i 的左子结点
int left(int i) {
    return 2 * i + 1;
}

//找 i 的右子结点
int right(int i) {
    return 2 * i + 2;
}

//对结点 i 应用堆调整
int maintainHeap(int a[], int n, int i) {
    while (left(i) < n) {
        int larger = i;
        int l = left(i);
        if (l < n) {
            larger = a[i] > a[l] ? i : l;
        }
        int r = right(i);
        if (r < n) {
            larger = a[larger] > a[r] ? larger : r;
        }
        if (larger != i) {
            swap(a[i], a[larger]);
            i = larger;
        } else {
            break;
        }
    }
}

//建堆
void buildHeap(int a[], int n) {
    for (int i = n / 2; i >= 0; i--) {
```

```
        maintainHeap(a, n, i);
    }
}
```

8.5.2　堆排序算法

　　一旦弄清楚了建堆和堆调整的算法，利用堆来对一个数组进行排序是再简单不过的事情，唯一的技巧是用与存储完全二叉树完全相反的方式思考问题：不是把一个建好的二叉树存入数组，而是把一个数组强行看成一棵完全二叉树。

　　如图 8-14～图 8-16 所示，堆排序的算法如下。

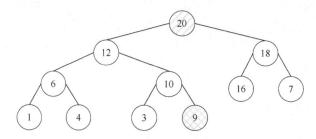

图 8-14　堆排序步骤 1

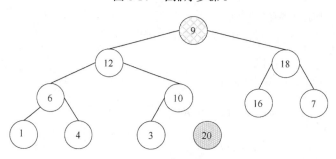

图 8-15　堆排序步骤 2

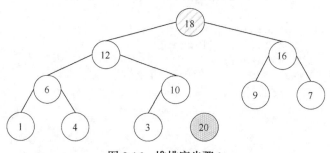

图 8-16　堆排序步骤 3

　　将待排序的数组看成一棵完全二叉树，把它建成堆，然后从最后一个结点开始循环执行以下操作，直到堆为空：

(1) 将堆的最后一个结点与根结点交换。

(2) 将堆的大小减 1。

(3) 对根结点运行一次堆调整算法。

当算法完成时，就得到了从小到大排序的数组。

堆排序的算法如下：

```
void heapSort(int a[], int n) {
    buildHeap(a, n);
    for (int i = n - 1; i > 0; i--) {
        swap(a[i], a[0]);
        maintainHeap(a, i, 0);
    }
}
```

其中 swap 函数交换两个变量保存的值，我们之前已多次实现过，这里不再重复。

8.5.3 堆排序的时间复杂度

相比于快速排序，堆排序的时间复杂度分析要简单得多。堆排序中最关键的算法是堆调整算法，该算法的循环过程中每一轮，结点或者被调整到左子结点，或者被调整到右子结点，或者算法结束，因此循环次数不会超过子树的高度。而在第 6 章已经证明过，对于高度为 h 的二叉树，结点个数不超过 $2h-1$，因此 n 个结点组成的二叉树中对任意结点进行堆调整算法的最坏时间复杂度为 $O(\log n)$。

建队的过程是对一半的数据运行堆调整算法，因此复杂度是 $O(n\log n)$。整个堆排序算法包含了 1 次建堆和 n 次堆调整，因此总的时间复杂度是 $O(n\log n)$。堆排序的平均时间复杂度也是 $O(n\log n)$，这里不再详细证明，在第 9 章会统一证明这类排序算法的时间复杂度上限。

堆排序的效率并没有超过快速排序，在实际应用中较少采用堆排序，但是会经常用到堆，例如，可以用堆实现优先级队列。如果将优先级队列建成一个堆，优先级最高的项处于堆的顶端，出队时只需将队列的首项取出，然后运行堆调整操作，使队列新的优先级最高项来到队列首项，这个过程是 $O(\log n)$ 时间复杂度，比用插入排序的方法实现显然更具优势。

8.6 比较排序算法的实质

前面章节已经介绍了许多排序算法，这些排序算法如此精妙，有时简直难以想象发明者到底是怎么想出来的。不过这些排序算法的效率似乎都碰到了 $O(n\log n)$ 这块天花板，那么还可能发明效率更高的算法吗？排序算法效率的上限是什么?

　　仔细思考一下你就会发现,之前所有学过的排序算法,最重要的任务就是比较两个数的大小,无论在其他方面如何精简以提高效率,比较两个数的大小这个步骤是不可能精简的。那么对于 n 个数据,至少需要经过多少次比较才能排定它们的顺序?

　　先来考虑三个数排序的情况,如果你不用数组来表示这三个数,而是把它们写成三个变量 a1、a2 和 a3,用 if 和 else 判断所有的情况,那么整个排序算法可以用图 8-17 表示。

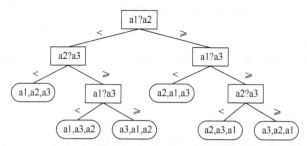

图 8-17　三个数 a1、a2、a3 排序的所有可能

　　图 8-17 中用矩形表示比较两个数的大小,用圆角矩形表示最终排序的结果。可以看到排序算法被描述成了一棵二叉树,其中每个结点表示一次比较,结点的左分支表示第一个数小于第二个数的情况,结点的右分支表示第一个数大于第二个数的情况,叶子结点表示最终的排序结果。因为事先不知道 a1、a2 和 a3 的大小,因此排序算法必须考虑所有的情况,也就是说,所有的 a1、a2、a3 可能的排列,都要出现在叶子结点中。同时这棵二叉树必须保证不会让两种不同的 a1、a2、a3 的排列落到同一个叶子结点位置,如果出现这样的情况,意味着设计的排序算法是错误的。无论是哪种排序算法,实质上都是在让程序自动构造这样一棵二叉树,通过一系列的比较,识别出数据所属的那种排列。叶子结点可以有重复的情况,分支结点也可以有重复的情况,这不会影响最终的排序结果,只会影响算法的排序效率。

　　显然,无论怎样设计排序算法,排序二叉树中数据被展开成什么样的状态,要保证数据每种排列都能正确被识别出来,至少要经过排序二叉树高度次的比较才行,因此排序二叉树高度 h 就是之前所有排序算法的上限。

　　无论怎样构造排序二叉树,对于 n 项待排序的数据,至少要保证它的叶子结点包括了 n 项数据的所有排列,即排序二叉树应至少具有 $n!$ 个叶子结点。之前在二叉树的性质一节中已经学过,如果二叉树有 k 个叶子结点,那么二叉树至少会有 $2k-1$ 个结点。如果已知结点个数,那么在各种可能的二叉树中,完全二叉树的高度是最小的。因此，排序二叉树的高度应该大于等于 $\log_2(2n!-1)$。

根据斯特林公式 $n! \approx \sqrt{2\pi n}\left(\dfrac{n}{e}\right)^n$ (其中 e 为自然对数的底数，读者可以自行查找该公式的证明)，这棵树的高度不会小于 $O(n\log n)$。也就是说，无论怎样设计排序算法，只要这种算法是基于数据两两比较的，其时间复杂度不会优于 $O(n\log n)$。

8.7 基 数 排 序

8.7.1 线性时间排序算法

基数排序算法与之前的排序算法存在着本质上的区别，为了理解基数排序，首先学习线性时间排序算法。

线性时间排序，意味着排序算法的时间复杂度是 $O(n)$。读者可能会觉得看错了，8.6 节不是刚刚证明了排序算法效率的上限是 $O(n\log n)$ 吗？其实之前的证明对排序算法有一个限定——排序算法是建立在对数据进行比较的基础上的。也就是说，如果不用比较数据大小，我们就可能设计出更快的算法。"不比较的排序算法"听上去有些莫名其妙，不过它的确再一次向我们展示了那个算法蓬勃发展时期计算机科学家不竭的创造力。

假设有 n 个整数，取值都在 $0 \sim m-1$，而且不重复，如何在最短时间内对它们排序？

解决方案是这样的：

(1) 创建一个数组 a，共有 m 项，初始全部设置为 0。

(2) 依次读取每个输入的整数 x，把数组的第 $a[x]$ 项设置为 1。

(3) 重新遍历数组的每一项 $a[i]$，若 $a[i]$ 为 1，则输出 i。

举例来说，如果有 5 个数 3、5、9、6、1，那么排序过程是这样的：

(1) 先构造一个由 10 个元素组成的数组 a，将 a 中的元素都设置为 0。

(2) 读取待排序的数据 3，将 $a[3]$ 设置为 1。

(3) 读取待排序的数据 5，将 $a[5]$ 设置为 1。

(4) 继续读取，依次将 $a[9]$、$a[6]$ 和 $a[1]$ 设置为 1。

(5) 从 $a[0]$ 开始读取数组，$a[0]$ 为 0，不输出内容。

(6) $a[1]$ 为 1，输出 1。

(7) $a[2]$ 为 0，不输出内容。

(8) $a[3]$ 为 1，输出 3。

(9) 继续向后读取数组，依次输出 5、6、9。

(10) 最终的输出结果 1、3、5、6、9 就是排序结果。

该排序算法的效率怎样呢？读取所有的数据用时为 n，遍历数组用时为 m，总的时间复杂度为 $O(n+m)$。如果 $n=O(m)$，那么该排序算法的时间复杂度就是 $O(n)$，即线性的。该算法没有进行比较，而是采用了一种"映射"的方法。它比所有之前的基于比较的算法效率有了数量级的提高。这个算法甚至可以很自然地推广到有重复数据的情况：读取待排序数据时将对应的 $a[i]$ 值加 1(而不是设置 1)，遍历数组时如果 $a[i]$ 为 x，就输出 x 个 i。线性时间排序肯定是排序算法效率的极限了，总不可能在连数据都没有看过一遍的情况下正确排序吧？

不过，这个算法存在明显的缺点：一是需要开辟大量内存空间用于存放临时数组 a；二是在 n 和 m 不成比例的情况下，算法可能效率极差。例如，如果有 50000 个数据，取值在 0～100000，而且我们有充分的空间做这件事，那么这个排序算法自然是很快的。然而，如果仅有 30 项数据，取值在 0～100000，还是要开辟包含 100000 个元素的内存空间，而且要对这些元素进行一次遍历，这可就太糟糕了。因此，线性时间排序算法只在某些特定的情况下使用。

8.7.2 基数排序算法

基数排序是对线性时间排序算法的一种变化,之所以说它是变化而不是改进,是因为这种方法是在映射方式上进行了某种折中，在弥补线性时间排序算法缺点的过程中也增加了一些时间开销。

基数排序的思想可以这样描述：假设输入数据都是不超过 d 位的整数。从整数的最后一位到第一位，循环进行，采用某种排序算法，以这一位作为排序的关键字，对所有整数进行一次排序。

对"某种排序算法"的要求是：这种排序算法是**稳定**的。稳定，是指如果两个数 a 和 b 的排序关键字相等，且排序前 a 在 b 的前面，那么排序后 a 仍在 b 的前面。

如图 8-18 所示，假设要对如下三位整数排序，即 329、457、657、839、436、720、355。排序过程如下：

(1) 按照个位数从小到大的顺序将数据进行排序。可以看到在图 8-18 中 720 因为个位数字是 0 而被排在首位，329 和 839 因为个位数字是 9 而被排在最后。其中 457 和 657、329 和 839 的个位数字相同，因此其排列的前后次序仅由算法执行过程决定，与其他位数信息无关。

(2) 按照十位数字从小到大的顺序将数据重新排序。可以看到在图 8-18 中十位数字最小的 720 和 329 排在最前面,十位数字最大的 355、457 和 657 排在最后。此时排序需要满足前面的"稳定"要求，即 720 必须排在 329 前面，虽然双方十位数字相等，但在本轮排序开始前，720 在 329 之前，因此排序后 720 也应该在 329 之前。

(3) 按照百位数字从小到大的顺序将数据重新排序。可以看到 329 和 355 这些百位数字最小的项现在来到了最前面，同时，在本轮排序前 329 在 355 之前，排序后 329 仍在 355 之前。

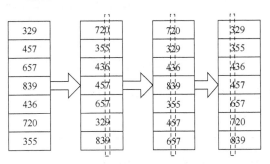

图 8-18 基数排序示例

这种排序方法与直觉刚好相反，通常人的习惯是先排高位再排低位，但这里有一个前提，即高位相等再排低位。而这种处理的结果是需要一级级判断相等，并进行局部排序，整个程序也会变得复杂和低效。反之，从低位排到高位的方法可以整体排序，其中发挥关键作用的正是对算法"稳定"的要求。因为排序算法是稳定的，所以按百位数字排序时，百位数字相等的情况下会带入十位数字排序的结果；按十位数字排序时，十位数字相等的情况下会带入个位数字排序的结果。因此，这个与直觉相反的方法恰恰是按照我们的习惯进行排序的。

8.7.3　链式基数排序算法

基数排序中对排序算法没有做具体要求，只要满足稳定条件即可。不过为了使基数排序尽可能高效，采用满足稳定要求的线性时间排序显然是最佳选择。由于基数排序只对某一位数字进行排序，线性方法在这种情况下并不需要开辟过大的空间。这种基于线性方法的基数排序称为链式基数排序。

链式基数排序算法的主要步骤如下。

(1) 设基数为 r，位数为 d，建立 r 个链式队列，分别对应基数关键字 $0 \sim r-1$。

(2) 从最低位开始到最高位结束，循环 d 次，每次对当前位进行如下操作。

① 分配：将数组中的待排序数据按照当前位的值放入对应的队列中。

② 收集：从第一个队列开始到最后一个队列结束，每次将一个队列中的元素依次取出放回数组中。

使用队列是为了保证排序算法稳定。每一个队列中保存的元素具有相同的排序关键字，先分配的数据先收集，后分配的数据后收集。

链式基数排序的一个示例过程如图 8-19～图 8-21 所示。

第一轮分配结果如图 8-19 所示。

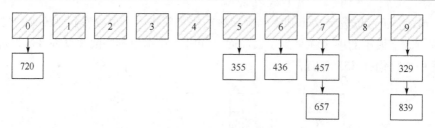

图 8-19　链式基数排序步骤 1

收集顺序为 720、355、436、457、657、329、839。

第二轮分配结果如图 8-20 所示。

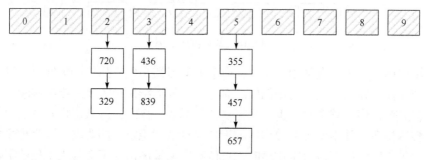

图 8-20　链式基数排序步骤 2

收集顺序为 720、329、436、839、355、457、657。

第三轮分配结果如图 8-21 所示。

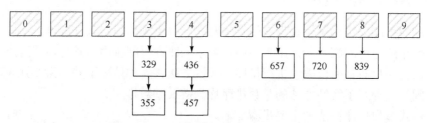

图 8-21　链式基数排序步骤 3

收集顺序为 329、355、436、457、657、720、839。

从而完成了正确的排序过程。

实现十进制数链式基数排序的代码如下：

```
void radixSort(int a[], int n, int d) {
    queue<int> q[10];
    int i;
    int id;        //位数序号
    int iq;        //队列序号
    int nDiv = 1;
```

```
for (id = 0; id < d; id++) {
    //分配
    for (i = 0; i < n; i++) {
        iq = (a[i] % (nDiv * 10)) / nDiv;
        q[iq].push(a[i]);
    }
    //收集
    i = 0;
    for (iq = 0; iq < 10; iq++) {
        while (!q[iq].empty()) {
            a[i] = q[iq].front();
            q[iq].pop();
            i++;
        }
    }
    nDiv *= 10;
}
```

分析链式基数排序的时间复杂度比较容易，一次分配需要 $O(n)$ 次访问，一次收集需要 $O(n+r)$ 次访问，整个过程循环了 d 次，因此复杂度为 $O((n+r)d)$。

8.8 各种排序算法复杂度比较

本章学习了各种排序算法及其适用的问题，最后以表格形式给出各种排序的时间复杂度和空间复杂度对比。可以看到，排序算法大致分为三类：一是以冒泡排序和插入排序为代表的经典方法或者称为原始方法，该方法效率较低；二是以归并排序、快速排序和堆排序为代表的方法，它们的共同特点是平均时间复杂度上都可以达到 $O(n\log n)$ 级，但又各具特点；三是链式基数排序，这类方法用到了映射而非比较方法，因此它的时间复杂度公式与其他方法有很大不同(表 8-1)。

表 8-1 各种排序算法复杂度比较

排序方法	平均时间复杂度	最坏时间复杂度	空间复杂度
冒泡排序	$O(n^2)$	$O(n^2)$	$O(1)$
插入排序	$O(n^2)$	$O(n^2)$	$O(1)$
归并排序	$O(n\log n)$	$O(n\log n)$	$O(n)$
快速排序	$O(n\log n)$	$O(n^2)$	$O(1)$
堆排序	$O(n\log n)$	$O(n\log n)$	$O(1)$
链式基数排序	$O((n+r)d)$	$O((n+r)d)$	$O(n+r)$

8.9　C++ STL 中排序算法的用法

C++ STL 中已经实现好了排序算法，分别封装在 sort、stable_sort、partial_sort 等几个函数中，其中 sort 函数用得最多，以下统称为 sort 算法函数。所有的 sort 算法的参数都需要输入一个范围，即[begin, end)。如果需要自己定义比较函数，那么可以把定义好的仿函数(functor)作为参数传入。每种 sort 算法函数都支持传入比较函数。

8.9.1　几种常用的 STL sort 算法函数简介

sort：对给定区间所有元素进行排序。定义在 algorithm 头文件中的函数模板 sort<Iter>()默认会将元素段排成升序，这也就意味着排序的对象的类型需要支持 "<" 运算符。对象也必须是可交换的，可以用定义在 utility 头文件中的函数模板 swap()来对两个对象进行交换。这种对象的类型需要实现移动构造函数和移动赋值运算符。

函数模板 sort<Iter>()的类型参数 Iter 是元素段元素对应的迭代器类型，且它们必须支持随机访问迭代器，即 sort()只能接受 vector 等基于顺序表的容器或标准数组中的元素。

stable_sort：对给定区间所有元素进行稳定排序。sort() 算法可能会改变相等元素的顺序，有时候这不是我们想要的。假设有一个保存某种事务的容器，或许是银行账户。进一步假设，在处理它们之前，为了能够有序更新这些账户，需要按照账号对这些事务进行排序。出现相等事务的顺序反映的是它们添加到容器的时间顺序，就需要维持这个顺序不变。如果允许对给定账户的事务进行重新排列，那么可能会出现透支的情况。这种情况下，stable_sort() 算法可以满足要求。

partial_sort：对给定区间所有元素进行部分排序。假设有一个容器，它保存了 100 万个数值，但我们只对其中最小的 100 个感兴趣。可以对容器的全部内容进行排序，然后选择前 100 个元素，但这可能有点消耗时间。这时候需要使用部分排序，只需要这些数中的前 100 个是有序放置的。

对于部分排序，有一个特殊的算法 partial_sort()，它需要 3 个随机访问迭代器作为参数。如果这个函数的参数是 first、second 和 last，那么这个算法会被应用到 [first,last) 这个范围内的元素上。执行这个算法后，[first,second) 会包含降序序列 [first,last) 中最小的 second−first 个元素。

nth_element：找出给定区间的某个位置对应的元素。nth_element()算法和 partial_sort() 不同。应用的范围由它的第一个和第三个参数指定。第二个参数是一个指向第 n 个元素的迭代器。如果这个范围内的元素是完全有序的，那么

nth_element()的执行会导致第 *n* 个元素被放置在适当的位置。这个范围内，在第 *n* 个元素之前的元素都小于第 *n* 个元素，而且它后面的每个元素都会比它大。算法默认用 "<" 运算符来生成这个结果。

8.9.2　sort 函数使用方法

下面以 STL sort 函数为例讲解其具体用法。对于其他函数，如 stable_sort、partial_sort 等，用法可参考 sort 函数。sort 实际采用了插入排序与快速排序相结合的方法，当数据量较小时采用插入排序，数据量较大时采用快速排序。对于排序过程中两个元素比较大小这一关键环节，sort 提供了两种方式，一种是通过调用元素的比较运算符 "<" 来判断，另一种是通过调用者自己提供一个比较两元素大小的仿函数来判断。

sort 的常用形式有如下两种。

(1) 通过运算符 operator<。

```
template< class RandomIt >
void sort( RandomIt first, RandomIt last);
```

(2) 需要定义比较函数。

```
template< class RandomIt, class Compare >
void sort( RandomIt first, RandomIt last, Compare comp);
```

具体示例如下：

(1) 排序数据为内置类型，如整型等，此时运算符 "<" 的含义是明确的，可不定义比较函数。当需要改变默认排序由升序改为降序时，需要定义与 "<" 意义相反的比较函数。

定义 Compare 函数，降序：

```
bool Compare(const int& a, const int&b) {
    return a > b;
}
```

以 vector 类型为例对数据类型进行操作：

```
vector<int> v1{ 1,3,2,9,7,6,5,8,4 };
sort(v1.begin(), v1.end());  //默认升序
sort(v1.begin(), v1.end(), Compare);  //降序
```

(2) 对自定义类型进行排序，此时必须重载运算符 "<"，或者定义比较函数。

首先看重载运算符 "<" 的方法。

例如，定义一个包含两个成员 *a* 和 *b* 的结构体，排序时优先比较 *a* 的大小，*a* 小的在前，当 *a* 的大小相同时，*b* 小的在前。在结构体的定义中重载运算符函数<，参考代码如下：

```
struct Node {
    int a;
    int b;
```

```
Node() {}
Node(int a, int b) {
    this->a = a;
    this->b = b;
}
}
bool operator< (const Node& right) const {
    if (a == right.a) {
        return b <right.b;
    }
    else {
        return a <right.a;
    }
}
};
```

再来看定义比较函数的方法。

如果不想在自定义类型的结构体中重载运算符函数，也可以用其他函数，并将该函数作为参数传递到 sort 函数里。例如，定义 Compare2 函数，实现首先按 a 升序排序，a 相等时按 b 降序排序。

```
bool Compare2(const Node& left, const Node& right) {
    if (left.a == right.a) {
        return left.b> right.b;
    }
    else {
        return left.a< right.a;
    }
}
```

可以测试一下排序结果是否正确：

```
vector<Node> v2;
v2.push_back(Node(0, 1));
v2.push_back(Node(0, 3));
v2.push_back(Node(0, 2));
v2.push_back(Node(1, 2));
v2.push_back(Node(1, 1));
v2.push_back(Node(1, 3));
std::sort(v2.begin(), v2.end());  //node.a 升序, node.b 升序
std::sort(v2.begin(), v2.end(), Compare2);  //node.a 升序, node.b 降序
```

8.10 信息学竞赛中排序的应用

例 8-1 瑞士轮(NOIP2011 普及组)。

在双人对决的竞技性比赛，如乒乓球、羽毛球、国际象棋中，最常见的赛制

是淘汰赛和循环赛。前者的特点是比赛场数少，每场都紧张刺激，但偶然性较高。后者的特点是较为公平，偶然性较低，但比赛过程往往十分冗长。

本题中介绍的瑞士轮赛制，因最早使用于 1895 年在瑞士举办的国际象棋比赛而得名。它可以看成淘汰赛与循环赛的折中，既保证了比赛的稳定性，又能使赛程不至于过长。

$2N$ 名编号为 $1\sim2N$ 的选手共进行 R 轮比赛。每轮比赛开始前，以及所有比赛结束后，都会按照总分从高到低对选手进行一次排名。选手的总分为第一轮开始前的初始分数加上已参加过的所有比赛的得分和。总分相同的，约定编号较小的选手排名靠前。

每轮比赛的对阵安排与该轮比赛开始前的排名有关：第 1 名和第 2 名、第 3 名和第 4 名、…、第 $2K-1$ 名和第 $2K$ 名、…、第 $2N-1$ 名和第 $2N$ 名，各进行一场比赛。每场比赛胜者得 1 分，负者得 0 分。也就是说除了首轮，其他轮比赛的安排均不能事先确定，而是取决于选手在之前比赛中的表现。

现给定每个选手的初始分数及其实力值，试计算在 R 轮比赛过后，排名第 Q 的选手编号是多少。假设选手的实力值两两不同，且每场比赛中实力值较高的总能获胜。

输入格式：

输入的第一行是三个正整数 N、R、Q，每两个数之间用一个空格隔开，表示有 $2N$ 名选手、R 轮比赛，以及我们关心的名次 Q。

第二行是 $2N$ 个非负整数 s_1, s_2, $\cdots$, s_{2N}，每两个数之间用一个空格隔开，其中 s_i 表示编号为 i 的选手的初始分数。

第三行是 $2N$ 个正整数 w_1, w_2,$\cdots$, w_{2N}，每两个数之间用一个空格隔开，其中 w_i 表示编号为 i 的选手的实力值。

输出格式：

输出只有一行，包含一个整数，即 R 轮比赛结束后，排名第 Q 的选手的编号。

示例：

输入：

2 4 2

7 6 6 7

10 5 20 15

输出：

1

示例说明：

根据每位选手的实力值和初始分数，每轮对阵形式与对阵后的分数如表 8-2 所示。

表 8-2 瑞士轮示例

选手编号	本轮对阵	本轮结束后的得分			
	—	①	②	③	④
初始	—	7	6	6	7
第1轮	①-④ ②-③	7	6	7	8
第2轮	④-① ③-②	7	6	8	9
第3轮	④-③ ①-②	8	6	9	9
第4轮	③-④ ①-②	9	6	10	9

数据取值范围:

对于 30%的数据, $1 \leqslant N \leqslant 100$。

对于 50%的数据, $1 \leqslant N \leqslant 10000$。

对于 100%的数据, $1 \leqslant N \leqslant 1000$, $1 \leqslant R \leqslant 50$, $1 \leqslant Q \leqslant 2N$, $0 \leqslant s_1, s_2, \cdots, s_{2N} \leqslant 10^8$, $1 \leqslant w_1, w_2, \cdots, w_{2N} \leqslant 10^8$。

在这道题目中,最直接的想法应该是每轮比赛结束后,将所有选手得分进行快速排序,决定下一轮比赛顺序,但这样做会导致超时。考虑到每轮比赛结束后,胜利者和失败者的相对顺序是不会变的,可以考虑归并排序,而快速排序针对的是随机的数列,这里用快速排序不够高效。鉴于此,这道题的基本思路是采用一次快速排序后,把每一轮的胜利者和失败者进行分组,分组后的数据进行归并排序,迭代运行 R 次以后即可得到最后的排序结果。

参考代码如下:

```cpp
#include <algorithm>
#include <iostream>

using namespace std;

struct P {
    int num;      //选手编号
    int s;        //初始分数
    int w;        //实力值
};
int n, r, q;
P ans[200010];              //ans 保存每一轮比赛后的结果, 按名次来排
P a[200010], b[200010];     //要归并的两个有序数组, 其中 a 存赢的, b 存输的
bool pcmp(const P& a, const P& b) {
    //总分相同的, 编号较小的选手排名靠前
    return (a.s == b.s) ? (a.num < b.num) : (a.s > b.s);
}
```

基数排序代码如下:

```
//每调用一次 solve(),就会求出下一轮的比赛结果
//主程序中调用了 r 次来求出 r 轮后的结果
void solve() {
    int ai = 1, bi = 1;
    for (int i = 1; i <= n * 2; i += 2) {
        if (ans[i].w > ans[i + 1].w)
        {//ans[i]赢
            ans[i].s++;
            a[ai++] = ans[i];
            b[bi++] = ans[i + 1];
        }
        else
        {//ans[i]输
            ans[i + 1].s++;
            a[ai++] = ans[i + 1];
            b[bi++] = ans[i];
        }
    }
    //经典的归并代码
    int i = 1, j = 1, k = 1;
    while (i < ai && j < bi) {
        if (pcmp(a[i], b[j])) {
            ans[k++] = a[i++];
        }
        else {
            ans[k++] = b[j++];
        }
    }
    while (i < ai) ans[k++] = a[i++];
    while (j < bi) ans[k++] = b[j++];
}

int main()
{
    cin >> n >> r >> q;
    for (int i = 1; i <= n * 2; i++) {
        cin >> ans[i].s;
        ans[i].num = i;
    }
    for (int i = 1; i <= n * 2; i++) {
        cin >> ans[i].w;
    }
    //第一轮快速排序
    sort(ans + 1, ans + 1 + 2 * n, pcmp);
```

```
//归并排序
for (int i = 1; i <= r; i++) {
    solve();
}
//输出排名第 q 的选手的编号
cout << ans[q].num << endl;
return 0;
}
```

习　　题

简答题

1. 快速排序平均时间复杂度和最坏时间复杂度分别是多少? 什么情况下会出现最坏时间复杂度?

编程题

2. 排序链表。

在 $O(n\log n)$ 时间复杂度和 $O(1)$ 常数级空间复杂度下，对链表进行排序。

示例:

输入链表: 5->3->1->2

输出链表: 1->2->3->5

3. 图书管理员(NOIP2017 普及组)，题目详见 https://www.luogu.com.cn/problem/P3955。

4. 统计数字(NOIP2007 提高组)，题目详见 https://www.luogu.com.cn/problem/P1097。

第9章 查 找

查找，就是从一组数据中查询某项或者某些感兴趣的数据。例如，想在一个学生成绩管理系统保存的所有学生信息中，查找到学号为 12345 的学生的所有成绩。此时 12345 这个学号称为**查找关键字(key)**，若查找成功，则应该返回这个学生的所有成绩，通常可以用一个结构体指针保存，称为关键字对应的**值(value)**，若查找失败，则应该返回一个查找不成功的信息，如可以返回空指针。

最简单的查找方法就是顺序查找，即从第一项开始逐项向后比较，直到查到需要的数据。遗憾的是，这种方法效率实在太低，在实际情况下通常无法使用。例如，一台路由器每秒钟为成千上万的数据包分配下一站的路由，而每次分配路由都需要在路由表中进行查找，这种应用促使我们寻找最好的查找算法，即使每个数据包的查找只节省 1 毫秒的时间，整个路由器的效率都能获得极大的提升。

对查找的直观感觉往往来自我们身边的各类管理系统，如图书管理系统、学生管理系统和订单管理系统等，不过实际上这些系统开发时通常不需要我们专门设计查找算法，而是使用一种称为"数据库"的软件，这种软件内置了一套高效的基于树形结构的查找算法，使得程序员对查找的操作变得更加方便，下面也会对相关内容进行简介。

为了简化问题，本章介绍查找算法时，都假设待查找的数据中没有关键字重复的情况。

9.1 二分查找法

二分查找法的算法已经在第 1 章概述中进行过介绍。首先对所有数据按从小到大的顺序排序，然后将待查数据与 $n/2$ 位置的数据进行比较，若相等，则返回这个位置；若待查数据小于该位置数据，则意味着它只可能在[0, $n/2-1$]区间，若待查数据大于该数据，则意味着它只可能在[$n/2+1$, $n-1$]区间。这样一次比较就可以排除一半的数据。

9.1.1 二分查找法的实现

为了便于读者阅读，把问题简化成在一个整型数组 a(a 的长度为 len)中查找到所需查找的整数 key，并返回该整数在数组中的位置，若数组中不存在该整数，则返回–1。

```
int bsearch(int a[], int len, int key) {
    int low, mid, high;
    low = 0;
    high = len - 1;
    while (low <= high) {
        mid = (low + high) / 2;
        if (key == a[mid]) {
            return mid;
        } else if (key < a[mid]) {
            high = mid - 1;
        } else {
            low = mid + 1;
        }
    }
    return -1;
}
```

在第 1 章已经分析过, 二分查找法可以把查找效率提升到 $O(\log n)$。二分查找法虽然非常简单, 但却极其实用。事实上, 在基于比较的方法中, 二分查找法已经是最高效的方法了。

例 9-1　寻找旋转排序数组中的目标值。

假设按照升序排序的数组在预先未知的某个点上进行了旋转, 如数组 [0,1,2,4,5,6,7](在 4 上)旋转以后变为 [4,5,6,7,0,1,2]。搜索一个给定的目标值, 若数组中存在这个目标值, 则返回它的索引, 否则返回–1 。

说明: 假设数组中不存在重复的元素, 且算法时间复杂度必须是 $O(\log n)$ 级别。

示例 1:

输入: a=[4,5,6,7,0,1,2], key=0

输出: 4

示例 2:

输入: a=[4,5,6,7,0,1,2], key=3

输出: –1

由于存在算法时间复杂度 $O(\log n)$ 的要求, 不可能遍历数组, 必须充分利用数组为升序数组旋转而来这个重要条件。

以二分查找法为基本思路, 考虑到原数组为有限制的有序数组(除了在某个点会突然下降外均为升序数组), 因此在 mid=(low+high)/2 的左右两边, 至少有一边的数据是有序的。当 a[mid] < a[high] 时, 数组 mid 右侧 a[mid]~a[high]是有序的; 否则数组 mid 左侧的部分 a[low]~a[mid]是有序的。在数组 mid 右侧部分是有序

的情况下，通过判断待查找关键字 key 是否在 a[mid]到 a[high]之间可以判断 key
是否在 mid 右侧，否则就在左侧。在数组 mid 左侧部分是有序的情况下，通过判
断待查找关键字 key 是否在 a[low]到 a[mid]之间可以判断 key 是否在 mid 左侧，
否则就在右侧。

该问题的参考代码如下：

```cpp
int MybSearch(int a[], int n, int key){
    int low = 0, high = n - 1;
    int mid;
    while (low <= high){
        mid = (low + high) / 2;
        if (a[mid] == key)
            return mid;
        if (a[mid] < a[high]){          //右侧有序
            if (a[mid] < key && a[high] >= key){
                low = mid + 1;
            }
            else
                high = mid - 1;
        }
        else{                           //左侧有序
            if (a[mid] > key && a[low] <= key){
                high = mid - 1;
            }
            else
                low = mid + 1;
        }
    }
    return -1;
}
```

9.1.2 C++ STL 中二分查找的用法

C++ STL 中提供了三种二分查找函数，名称分别为 binary_search、
lower_bound、upper_bound。每个函数均接收三个参数 arr[]、arr[]+size、val，分
别表示待查找数组的起始地址、终止地址(包括第 size−1 个元素，不包括第 size
个元素)和要查找的元素。三个函数均要求数组元素非递减，且使用前需要包含头
文件 algorithm。三个函数的区别如下。

(1) binary_search：以二分法查找某个元素是否出现，若在数组中查找到 val
元素则返回真，若查找不到则返回假。

(2) lower_bound：以二分法查找某个元素是否出现，返回大于或等于 val 的第
一个元素位置(是内存地址而不是数组的索引)；若所有元素都小于 val，则返回数

组最后一个元素+1 的位置。

(3) upper_bound: 以二分法查找某个元素是否出现, 返回大于 val 的第一个元素位置; 若所有元素都小于 val, 则返回数组最后一个元素+1 的位置。

> 注意, binary_search 函数是查不到具体位置的, 实际常用的是 lower_bound 函数。由于数组本身是有序的, 对于不含重复元素的数组, lower_bound 找到的就是该元素的地址。

以下代码是一个简单的示例:

```cpp
#include<iostream>
#include<algorithm>
using namespace std;
int main()
{
    int a[8] = {4,10,11,30,69,70,96,100};
    int b = binary_search(a, a + 8, 4);
    cout << "在数组中查找元素 4, 结果为: " << b << endl;
    int c = binary_search(a, a + 8, 40);
    cout << "在数组中查找元素 40, 结果为: " << c << endl;
    int d = lower_bound(a, a + 8, 10) - a;
    cout << "在数组中查找第一个大于等于 10 的元素位置, 结果为: " << d << endl;
    int f = upper_bound(a, a + 8, 10) - a;
    cout << "在数组中查找第一个大于 10 的元素位置, 结果为: " << f << endl;
    return 0;
}
```

以上代码输出结果为:

在数组中查找元素 4, 结果为: 1
在数组中查找元素 40, 结果为: 0
在数组中查找第一个大于等于 10 的元素位置, 结果为: 1
在数组中查找第一个大于 10 的元素位置, 结果为: 2

例 9-2   在排序数组中查找元素的第一个和最后一个位置。

给定一个按照升序排列的整数数组 nums 和一个目标值 target。找出给定目标值在数组中的开始位置和结束位置。算法时间复杂度必须是 $O(\log n)$ 级别。若数组中不存在目标值, 则返回[−1, −1]。

示例 1:

输入: nums=[5,7,7,8,8,10], target=8

输出: [3,4]

示例 2:

输入: nums=[5,7,7,8,8,10], target=6

输出: [−1,−1]

这道题主要考察二分查找，用 STL 的函数 lower_bound 和 upper_bound 会更加方便。当 lower_bound 和 upper_bound 两个函数获得的值相等时，表示数组中不存在 target 元素，否则开始位置为 lower_bound 返回值，结束位置为 upper_bound 返回值减 1(upper_bound 返回的是第一个大于 target 值的位置)。

参考代码如下：

```
void searchRange(int* arr, int size, int target)
{
    int lb = lower_bound(arr, arr + size, target) - arr;
    int ub = upper_bound(arr, arr + size, target) - arr;
    if (lb == ub) {
        cout << -1 << ", " << -1 << endl;
    } else {
        cout << lb << ", " << ub - 1<< endl;
    }
}
```

9.2 哈 希 表

如果用比较作为查找的基础操作，那么二分查找法应该是效率最高的方法。如果希望获得更高效的查找算法，只有采取完全不同的思路。第 8 章介绍了直接映射进行排序的方法可以突破比较式排序的效率上限，类似地，查找算法也可以建立在映射方法的基础之上。

例如，可以设计这样的结构来存储一系列人员信息：人名首字母为 A 的存放在第 0 项，为 B 的存放在第 1 项，为 C 的存放在第 2 项，以此类推，如图 9-1 所示。

0	1	2	3	4	...
Andy		Chris	Derek		...

图 9-1 映射法保存数据示例

在这种结构中，如果需要查找与 Andy 相关的信息，直接取数据的第 0 项就行了。这种查找的时间复杂度为 $O(1)$。不过这种结构也有一个明显的问题有待解决：以字母 A 或 B 开头的人名不止一个，这种时候存储会发生**冲突**。

按照这种思路进行存储和查找的数据结构称为**哈希表**或**散列表(hash table)**。哈希表需要一个**哈希函数** f，把关键字映射为存储地址(如数组的索引值)，为了减少冲突的发生，这种映射应该是均匀分布的。当冲突发生时，必须有系统的解决冲突的方法。

现在可以给出冲突的严格定义：如果两条数据的关键字 key1 ≠ key2，而映射后的地址 f(key1) = f(key2)，那么称数据发生冲突。

9.2.1　哈希函数

首先来看哈希函数的选择。为了减少冲突，通常哈希表的存储空间要大于甚至远大于实际存放数据的数量，并且哈希函数应该尽可能均匀地将关键字映射到存储空间上，以减少冲突发生的概率。下面介绍一些常用的哈希函数。

1) 直接定址法

直接定址法取关键字的某个线性函数为哈希函数，即 H(key) = a key + b。这种方法常用于那些关键字排列具有明显规律的数据。例如，现在需要保存和查询从 1970 年至 2010 年的人口统计数据，其中年份为关键字，则可以用 H(key) = key–1970 作为哈希函数，即 1970 年的数据保存在第 0 项，1971 年的数据保存在第 1 项，以此类推。

2) 折叠法

折叠法是一种将长度较长的数字串转换成整数的方法，它是将长串的数字按照每 m 位进行分割，再将分割后整数相加结果的后 m 位作为映射地址。例如，每本图书都有一个 10 位数字的图书分类编号，而馆藏图书实际只有数千本，此时可以使用折叠法将其映射为不超过四位的整数。例如，图书号为 0442205864，则可以用折叠法这样计算：5864 + 4220 + 04 = 10088，所以 H(0442205864) = 88。

3) 字符串转换为整数

有时候关键字并不是整数，而是字符串或者其他的字节类型，如 "Data Structure"，此时可以将字符串或者字节串中的每个字符或字节逐一读入并进行一定的运算，得到一个整数。这种哈希函数有很多，如 SDBM 哈希函数的算法如下：

```
unsigned int SDBMHash(char *str) {
    unsigned int hash = 0;
    while (*str) {
        hash = (*str++) + (hash << 6) + (hash << 16) - hash;
    }
    return (hash & 0x7FFFFFFF);
}
```

4) 除留余数法

按照以上这些方法可以将任意类型的关键字转换成一个整数，但这个整数可能不在初始为哈希表分配的空间限定内，此时可以用除留余数法将保证整数被映射到限定范围。除留余数法非常简单，假定哈希表的空间为 m，则映射后的空间为

$$H(\text{key}) = \text{key MOD } p, \quad p \leqslant m$$

实际上此处对 m 取余数就行了，之所以式中出现了 p，是因为某些理论建议用一个小于等于 m 的质数取余数，会使映射更加均匀。

在实际应用当中，还有很多哈希函数的取法，限于篇幅这里不再一一列举。后面的章节中为了方便讨论，都假定关键字为整数，并直接使用除留余数法取哈希函数。

计算出哈希值后，若发生冲突，则需要设计解决冲突的方法。解决冲突的方法大致可以分为两类，一类称为开放定址法，另一类称为链地址法。

9.2.2 开放定址法

哈希表的存放是一个动态的过程。向哈希表中存储第一条数据时，无论怎样也不会出现冲突。冲突发生时，应该是当前关键字对应的哈希地址中已经保存了其他关键字的数据。开放定址法的解决方式很简单：既然这里不能放，再找一个其他位置存放，如果新的位置仍然被其他数据占用，那么就再找下一个位置存放，直到找到空闲位置。用公式表示该过程就是

$$H_i = (H(\text{key}) + d_i) \text{ MOD } m$$

其中，H 为哈希函数，m 为哈希表空间，d_i 为增量探测序列。

根据探测序列取法的不同，开放定址法又可以分为线性探测法、二次探测法和伪随机序列探测法。线性探测法中 $d_i = 1, 2, \cdots$，二次探测法中 $d_i = \pm 1^2, \pm 2^2, \pm 3^2, \cdots$，伪随机序列探测法事先生成一个伪随机序列 d_i，按照这个序列的顺序依次探测。

下面以线性探测法为例，详细解释哈希表的算法原理与实现过程。

假定哈希表空间为 11，哈希函数为 $H(\text{key}) = \text{key MOD } 11$。当前表中已经存放了关键字为 60、17 和 29 的数据。因为 60 MOD 11 = 5, 17 MOD 11 = 6, 29 MOD 11 = 7，所以当前哈希表的存储情况如图 9-2 所示。

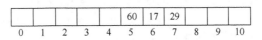

图 9-2 开放定址法示例(38 插入前)

此时又向其中存入关键字为 38 的数据，38 MOD 11 = 5，而地址 5 的空间已经被关键字 60 的数据占用了，线性探测法向后探测，地址 6 的空间被关键字 17 占用，地址 7 的空间被关键字 29 占用，于是 38 被存在地址 8 的空间中，如图 9-3 所示。

注意，使用线性探测法存储数据时，需要用同样的方法查找数据，即不能直接根据关键字的哈希地址取数据，而是应该判断该地址的数据关键字是否与待查找关键字相同，若不同则继续按照线性探测法存储时的方式，逐一向后查找。

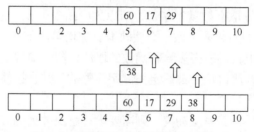

图 9-3　开放定址法示例步骤(38 插入)

下面实现线性探测法的哈希表。

首先需要定义哈希表中存放的<关键字,值>对的类型，把它称为 Node。

```cpp
template<typename TKey, typename TValue>
struct Node {
    TKey key;
    TValue value;
    Node(TKey key, TValue value) : key(key), value(value) {};
};
```

接下来定义哈希表类 MyHashMap：

```cpp
#define INIT_SIZE 100
template <typename TKey, typename TValue>
class MyHashMap {
private:
    int _size;
    vector<Node<TKey, TValue>*> _table;
    TValue ValueNULL;
    int hash(const TKey & key);

public:
    MyHashMap(int size=INIT_SIZE);
    TValue & find(const TKey & key);
    TValue & operator[](const TKey & key);
};
```

它包括 3 个主要的成员变量：

(1) _size，保存哈希表的容量。

(2) _table，保存哈希表的主要数据，即由<关键字,值>对组成的顺序表，_table 中的每项元素均为 Node*类型。

(3) ValueNULL，当待查找的关键字在哈希表中不存在时，返回空的 Value。

还至少需要 4 项基本操作(函数)：

(1) int hash(const TKey& key)，哈希函数，将 key 映射为整型，取值范围在_table 容量以内。

(2) MyHashMap(int size=INIT_SIZE)，初始化哈希表。

(3) TValue & find(const TKey & key)，根据 key 在哈希表中查找对应的 value 并返回。

(4) TValue & operator[](const TKey & key)，重载操作符[]，可以用于查找某 key 的 value；或者向哈希表中添加<key, value>，若已存在 key，则更新 key 对应的 value。

四个主要函数的具体实现如下：

(1) int hash(const TKey & key)。要使哈希函数尽可能均匀使用空间且运算效率高，实现涉及许多数学知识，超出了本书介绍的范围。这里简化一下问题，假设 key 就是 string 类型，使用一种非常简单的位操作方法进行哈希查找。

注意，一定要将哈希值控制在_table 的取值范围内。

```
template <typename TKey, typename TValue>
int MyHashMap<TKey, TValue>::hash(const TKey & key) {
    int ret = 0;
    string k = static_cast<string>(key);
    for(int i = 0; i < key.length(); ++i) {
        ret = ret << 7 ^ key[i];
    }
    return (ret & 0x7FFFFFFF) % _table.size();
}
```

(2) MyHashMap(int size=INIT_SIZE)。初始化哈希表，将_table 的所有元素都设置为空指针。

```
template <typename TKey, typename TValue>
MyHashMap<TKey, TValue>::MyHashMap(int size) : _size(size) {
    for (int i = 0; i < _size; i++) {
        _table.push_back(NULL);
    }
}
```

(3) TValue & find(const TKey & key)。根据 key 在哈希表中查找对应的 value 并返回。采用开放定址法进行查找，若找到 key，则返回对应的 value；若找不到 key，则返回 ValueNULL。

```
template <typename TKey, typename TValue>
TValue& MyHashMap<TKey, TValue>::find(const TKey& key) {
    int i;
    int h = hash(key);
    for (i = h; _table[i] != NULL && _table[i]->key != key; ) {
        i = (i + 1) % _table.size();
        if (i == h) {
            // 已循环探测完了整个哈希表
            return ValueNULL;
```

```
        }
    }
    if (_table[i] == NULL) {
        return ValueNULL;
    }
    return _table[i]->value;
}
```

(4) TValue & operator[](const TKey & key)。重载操作符[]，可以用于查找某 key 的 value；或者向哈希表中添加<key, value>，若已存在 key，则更新 key 对应的 value。它与 find 类似，区别在于，若找不到 key 且_table 中还有空位，则为空位处的结点指针分配内存单元，并返回对应结点的_value 引用，以便可以进行插入新<关键字,值>对的操作。

```
template <typename TKey, typename TValue>
TValue& MyHashMap<TKey, TValue>::operator[](const TKey& key) {
    int i;
    int h = hash(key);
    for (i = h; _table[i] != NULL && _table[i]->key != key; ) {
        i = (i + 1) % _table.size();
        if (i == h) {
            // 已循环探测完了整个哈希表
            return ValueNULL;
        }
    }
    if (_table[i] == NULL) {
        _table[i] = new Node<TKey, TValue>(key, ValueNULL);
    }
    return _table[i]->value;
}
```

可以简单验证一下是否实现正确：

```
int main()
{
    MyHashMap<string, string> map = MyHashMap<string, string>();
    map["abc"] = "123";
    map["efg"] = "567";
    cout << map.find("abc") << endl;
    map["abc"] = "999";
    cout << map.find("abc") << endl;
    return 0;
}
```

9.2.3　链地址法

另一种解决冲突的方法称为链地址法。**链地址法**为哈希表每个不同的地址空

间建立一个链表，链表初始为空，当新的数据
需要存储时，如果关键字哈希值等于 i，则向哈
希表第 i 项的链表中加入新数据。查找时，首先
定位到关键字对应的哈希值，然后在相应的链
表中，查找关键字等于待查找关键字的数据项。

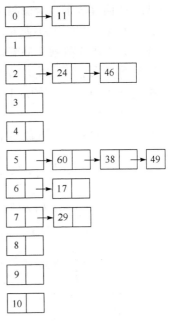

在如图 9-4 所示哈希表示例中，60、38 和
49 对应的哈希值都是 5，因此它们都被存储在
哈希值 5 对应的链表中。读者如有兴趣请自行
完成链地址法实现。

9.2.4 哈希表的时间复杂度

我们知道，在不存在任何冲突的情况下，
哈希表查找的时间复杂度是 $O(1)$。如果事先已
知所有的数据，然后设计哈希函数，那么只要
哈希表的空间大于准备存放的数据量，一定可
以设计出一个"完美"的哈希函数，不产生任
何冲突。不过通常情况下，总是先设计好哈希

图 9-4 链地址法示例

函数并实现哈希表，然后才在具体的任务中使用哈希表，因此总会有冲突的存在。
于是问题来了：在有冲突的情况下，哈希表查找的时间复杂度是多少？

为了分析哈希表查找的时间复杂度，首先需要引入哈希表的**装填因子(load
factor)**的概念。哈希表的装填因子为

$$\alpha = \frac{哈希表实际存储数据条数n}{哈希表大小m}$$

注意，对于开放定址法，装填因子必定小于等于 1，而对于链地址法，装填
因子可以大于 1。

1) 链地址法的时间复杂度

对于链地址法，平均每条链的长度是 α，因此链地址法的平均时间复杂度为
进行哈希函数定位时间再加上在某一条链上进行查找的时间，即 $O(1+\alpha)$。

2) 开放定址法的时间复杂度

这里要分两种情况，一种是查找成功的情况，另一种是查找失败(即哈希表中
不存在待查找关键字)的情况，显然查找失败会经历更长的时间。

(1) 开放定址法查找不成功的时间复杂度。

直觉上看，查找失败似乎需要经历哈希表大小 m 的时间。不过仔细分析，情
况并没有这么糟糕。

无论如何算法至少会探测 1 次, 即进行哈希地址定位的那次。

由于哈希表空间大小为 m, 其中实际存储的数据为 n 项, 在定位后, 有 n/m 的概率, 第 1 次探测发生冲突, 需要第 2 次探测。

对于第 2 次探测, 此时哈希表还未探测的剩余空间大小为 $m-1$, 剩余空间中的数据为 $n-1$ 项, 因此有 $(n-1)/(m-1)$ 的概率第 2 次探测会发生冲突, 需要第 3 次探测, 以此类推。

根据上面的分析, 开放定址法不成功查找的平均查找次数为

$$1+\frac{n}{m}\left(1+\frac{n-1}{m-1}\left(1+\frac{n-2}{m-2}\left(\cdots\left(1+\frac{1}{m-n+1}\right)\cdots\right)\right)\right)$$

$$\leqslant 1+\alpha(1+\alpha(1+\alpha(\cdots(1+\alpha)\cdots)))$$

$$=1+\alpha+\alpha^2+\alpha^3+\cdots$$

$$=\sum_{i=0}^{\infty}\alpha^i$$

$$=\frac{1}{1-\alpha}$$

其中第 1 步到第 2 步成立的原因是: 对于 $i=1,2,\cdots,n$, 有 $\dfrac{n-i}{m-i}<\dfrac{n}{m}=\alpha$。

故开放定址法查找不成功的平均时间复杂度为 $O(1/(1-\alpha))$。

(2) 开放定址法查找成功的时间复杂度。

首先证明一个引理, 开放定址法向哈希表添加数据的平均时间复杂度是 $1/(1-\alpha)$。这个引理是显然成立的, 因为哈希表查找不成功的平均时间复杂度是 $1/(1-\alpha)$, 所以平均只要经过 $1/(1-\alpha)$ 不成功的查找, 就会找到哈希表的空闲位置, 并向哈希表添加数据。

在哈希表中成功查找到某项, 会经历向哈希表插入该项时相同的比较序列。如果关键字 k 是第 $i+1$ 个插入哈希表的, 那么此时哈希表的装填因子是 i/m, 根据引理, 它的插入平均比较次数是 $1/(1-i/m)=m/(m-i)$。因此, n 个关键字成功查找的平均查找长度为

$$\frac{1}{n}\sum_{i=0}^{n-1}\frac{m}{m-i}=\frac{m}{n}\sum_{i=0}^{n-1}\frac{1}{m-i}=\frac{1}{\alpha}\sum_{k=m-n+1}^{m}\frac{1}{k}$$

因为 $1/x$ 是单调减函数, 所以有 $\displaystyle\sum_{k=m+1}^{n}f(k)\leqslant\int_m^n f(x)\mathrm{d}x$, 因此

$$\frac{1}{\alpha}\sum_{k=m-n+1}^{m}\frac{1}{k}\leqslant\frac{1}{\alpha}\int_{m-n}^{m}\frac{1}{x}\mathrm{d}x=\frac{1}{\alpha}\ln\frac{m}{m-n}=\frac{1}{\alpha}\ln\frac{1}{1-\alpha}$$

故开放定址法查找成功的平均时间复杂度为 $O\left(\dfrac{1}{\alpha}\ln\dfrac{1}{1-\alpha}\right)$。

9.2.5 C++ STL 中哈希表的用法

在 C++ STL 中没有定义哈希表，STL 的不同实现者将提供一个通常名为 hash_map 的非标准散列表。因为这些实现不是遵循标准编写的，所以它们在功能和性能保证上都有微妙的差别。从 C++11 开始，哈希表实现已添加到 C++ STL 标准，为防止与这些已有非标准实现冲突，哈希表实现类采用了新的名称——unordered_map。相比于已有的 hash_map，它更具描述性，因为它暗示了类的映射接口及其元素的无序性质。总而言之，hash_map 和 unordered_map 本质是一样的，但 unordered_map 被纳入 C++ STL 标准。因此，在本书的后续所有例子中，讲解和采用的是 unordered_map 而不是 hash_map。unordered_map 是一个关联容器，内部采用的是哈希表结构，它拥有快速检索的功能。常用的功能函数如下。

(1) 构造函数：包括构造空的容器、复制构造、范围构造、用数组构造。

(2) size：返回 unordered_map 的大小。

(3) empty：为空返回 true，不为空返回 false。

(4) find：查找 key 所在的元素。若找到则返回元素的迭代器，若没找到则返回 unordered_map::end。

(5) insert 或运算符[]：插入元素。

(6) at：查找 key 所对应的值。若存在，则返回 key 对应的值。

(7) erase：删除元素。

(8) clear：清空 unordered_map。

另外，由于哈希表每个元素包括<key,value>两项数据，在利用迭代器遍历 map 或查找返回迭代器时，每个元素的 key 保存在迭代器的 first 成员变量中，value 保存在迭代器的 second 成员变量中。

下面用两个例子简单介绍一下它的用法。

首先看一下 unordered_map 的初始化：

```
#include <iostream>
#include <string>
#include <unordered_map>
using namespace std;

typedef unordered_map<string,string> stringmap;

stringmap merge (stringmap a,stringmap b) {
    stringmap temp(a); temp.insert(b.begin(), b.end()); return temp;
}

int main ()
{
```

```
// 空初始化
  stringmap first;
// 用数组初始化
  stringmap second({{"apple","red"}, {"lemon","yellow"}} );
// 用数组初始化
  stringmap third({{"orange","orange"}, {"strawberry","red"}} );
  stringmap fourth(second);                    // 复制初始化
  stringmap fifth(merge(third, fourth));       // 移动初始化
  stringmap sixth(fifth.begin(), fifth.end()); // 范围初始化
  cout << "sixth contains:";
  for (auto& x: sixth) cout << " " << x.first << ":" << x.second;
  cout << endl;
  return 0;
}
```

然后是如何在 unordered_map 中插入、修改和删除元素：

```
#include <iostream>
#include <string>
#include <unordered_map>
using namespace std;

void display(unordered_map<string,double> myrecipe, string str)
{
    cout << str << endl;
    for (auto& x: myrecipe)
       cout << x.first<< ": " << x.second << endl;
    cout << endl;
}

int main ()
{
    unordered_map<string,double>myrecipe, mypantry = {{"milk",2.0},
{"flour",1.5}};

    /****************插入*****************/
    //创建 pair 类型的<key,value>对
    pair<string,double> myshopping("baking powder",0.3);
    myrecipe.insert(myshopping);                      //复制插入
    myrecipe.insert(make_pair<string,double>("eggs",6.0));//移动插入
    myrecipe.insert(mypantry.begin(), mypantry.end());  // 范围插入
    // 初始化数组插入(可以用二维一次插入多个元素，也可以用一维插入一个元素)
    myrecipe.insert ({{"sugar",0.8},{"salt",0.1}});
    myrecipe["coffee"] = 10.0;  //数组形式插入

    display(myrecipe,"myrecipe contains:");
```

```
/****************查找****************/
unordered_map<string,double>::const_iterator
got=myrecipe.find("coffee");

if ( got == myrecipe.end() )
    cout << "not found";
else
    cout << "found "<<got->first << " is " << got->second<<"\n\n";
/****************修改****************/
myrecipe.at("coffee") = 9.0;
myrecipe["milk"] = 3.0;
display(myrecipe,"After modify myrecipe contains:");

/****************删除****************/
myrecipe.erase(myrecipe.begin());  //通过位置
myrecipe.erase("milk");       //通过key
display(myrecipe,"After erase myrecipe contains:");

/****************清空****************/
myrecipe.clear();
display(myrecipe,"After clear, myrecipe contains:");
return 0;
}
```

9.3 查 找 树

哈希表的查找效率虽然非常高，但是也有它的局限性，它不适合处理高度动态变化的数据。例如，设计一个用于存储和管理大量数据的软件，事先并不知道数据量的确切大小，甚至不清楚数据的规模。如果一开始预留非常大的哈希表空间，可能会造成不必要的浪费。如果设置的空间较小，在数据放置的过程中不够用需要扩充空间可就麻烦了。根据哈希表最基本的方法除留余数法的规定，所有数据的存放地址需要重新计算，这种效率对于大规模数据的管理是绝不能接受的。对于这种大规模高度动态变化的数据，更适合的结构是之前介绍过的树形结构。

9.3.1 二叉查找树

首先介绍一种最简单的查找树，即**二叉查找树(binary search tree)**。
二叉查找树是任意结点满足以下性质的二叉树：
(1) 若它的左子树不为空，则左子树上的所有结点的关键字值均小于它的关键字值。
(2) 若它的右子树不为空，则右子树上的所有结点的关键字值均大于它的关键字值。

因为二叉查找树的中序遍历顺序是按关键字从小到大排列的，所以也称为二叉排序树。

1. 二叉查找树的查找

根据二叉查找树的性质，在二叉查找树中查找某项元素是非常容易的，具体思路如下：从根结点开始进行访问，如果待查找的关键字小于当前结点存储的关键字，那么该关键字一定存储在结点的左子树上，因此继续在结点的左子树内进行查找。如果待查找的关键字大于当前结点存储的关键字，那么该关键字一定存储在结点的右子树上，因此继续在结点的右子树内进行查找。重复以上过程直到找到关键字等于待查找关键字的结点或者结点为空结束。结点为空表示待查找关键字不在二叉查找树中，查找失败。

以上描述的过程恰好是一个递归过程，可以用递归来实现。从另一方面来看，上述过程是一个不断向结点的左子结点或右子结点探查的过程，也可以用非递归的方式实现。

2. 二叉查找树的插入

注意，向二叉查找树中插入结点不是随意进行的，插入新结点不能破坏二叉查找树的性质。容易想到，二叉查找树的插入实质上包含了查询的过程。对于待插入的关键字，首先通过查询操作找到待插入的位置(父结点)，然后为关键字创建结点。

图 9-5(a)是在树中查找关键字 23 的过程，图 9-5(b)是在图 9-5(a)的树中插入关键字 27 的过程。

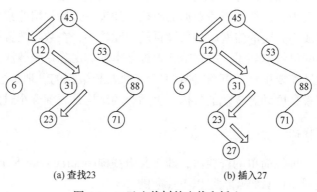

(a) 查找23   (b) 插入27

图 9-5　二叉查找树的查找和插入

3. 二叉查找树的删除

二叉查找树删除时的第一个步骤也是先查找到待删除关键字所在的结点位置，这里不再赘述。之后删除结点的操作比较复杂，不同情况下必须采取不同的处理方式。实际上，删除结点可以分为三种情况处理：

(1) 待删除结点没有左右子结点，或者说其左右子结点为空。这种情况最简单，只需将该结点直接删除即可，如图 9-6 所示。

(2) 待删除结点有且仅有一个子结点，或左或右。此时情况也比较简单，只需用该结点的子结点替换该结点即可，如图 9-7 所示。

(3) 待删除结点有两个子结点，这种情况最复杂。由于这两个子结点可能还有子结点，如果简单地用其中一个子结点替换待删除结点，就会变成"三叉树"，再对三叉树进行修正会带来更多麻烦，这里用了一个非常巧妙的方法避免了引入更复杂的讨论。

首先按照中序遍历的顺序，找到待删除结点的后继结点 x，然后从树中删除 x。根据中序遍历的原则，这个结点 x 应该是该结点右子树中序遍历的第一个结点。我们知道，中序遍历的第一个结点要么没有子结点，要么只有一个右子结点，而绝不会有左子结点，否则它的左子结点就应该是中序遍历的第一个结点。也就是说，删除 x 可以归结为以上讨论的两种情况。最后用 x 替代待删除的结点，就完成了整个删除操作，如图 9-8 所示。

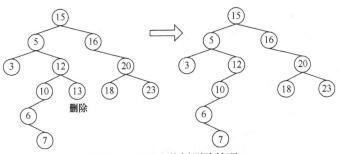

图 9-6　二叉查找树删除情况 1

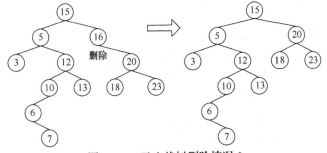

图 9-7　二叉查找树删除情况 2

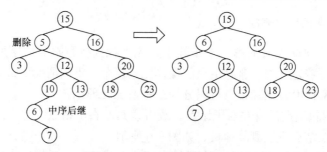

图 9-8　二叉查找树删除情况 3

4. 二叉查找树的实现

接下来用代码实现二叉查找树的查找、插入和删除操作。

首先定义二叉查找树的结点结构体和二叉查找树类：

```
template<typename TKey, typename TValue>
struct Node {
    TKey key;
    TValue value;
    Node* left;
    Node* right;
    Node(TKey key, TValue value)
    : key(key), value(value), left(NULL), right(NULL)
     {};
};


template<typename TKey, typename TValue>
class BSTree {
private:
    Node<TKey, TValue>* root;
public:
TValue ValueNULL;
BSTree() : root(NULL) {};
    TValue& find(const TKey& key);
    void insert(const TKey& key, const TValue& value);
    void erase(const TKey& key);
};
```

二叉查找树中查找关键字的代码如下：

```
template<typename TKey, typename TValue>
TValue& BSTree<TKey, TValue>::find(const TKey& key) {
    Node<TKey, TValue>* cur = root;
    while (cur != NULL) {
        if (key == cur->key) {
            break;
        }
```

```
            if (key < cur->key) {
                cur = cur->left;
            } else {
                cur = cur->right;
            }
        }
        if (cur == NULL) {
            return ValueNULL;
        } else {
            return cur->value;
        }
    }
```

二叉查找树中插入元素的代码如下：

```
template<typename TKey, typename TValue>
void BSTree<TKey, TValue>::insert(const TKey& key, const TValue&
value) {
    Node<TKey, TValue> *parent = NULL;  //准备插入的父结点指针
    Node<TKey, TValue> *cur = root;
    int lr = 0; // 0 表示应该插入 parent 的左子树，1 表示右子树
    if (root == NULL) {
        root = new Node<TKey, TValue>(key, value);
        return;
    }
    while (cur != NULL) {
        parent = cur;
        if (key == cur->key) {
            //key 重复，不能插入
            return;
        }
        if (key < cur->key) {
            lr = 0;
            cur = cur->left;
        } else {
            lr = 1;
            cur = cur->right;
        }
    }
    if (lr == 0) {
        parent->left = new Node<TKey, TValue>(key, value);
    } else {
        parent->right = new Node<TKey, TValue>(key, value);
    }
}
```

在二叉查找树中删除关键字的代码如下：

```
template<typename TKey, typename TValue>
```

```cpp
void BSTree<TKey, TValue>::erase(const TKey& key) {
    Node<TKey, TValue> *parent = NULL;
    Node<TKey, TValue>* cur = root;
    int lr = 0; // 0 表示待删除结点为 parent 的左子树，1 表示右子树
    while (cur != NULL) {
        if (key == cur->key) {
            break;
        }
        if (key < cur->key) {
            lr = 0;
            parent = cur;
            cur = cur->left;
        } else {
            lr = 1;
            parent = cur;
            cur = cur->right;
        }
    }
    if (parent == NULL) {
        delete root;
        root = NULL;
    }
    if (cur == NULL) {
        return;  //未找到 key
    }
    Node<TKey, TValue> *rep = NULL; //替换结点
    //待删除结点没有子结点或者只有一个子结点
    if (cur->left == NULL || cur->right == NULL) {
        if (cur->left == NULL) {
            rep = cur->right;
        } else {
            rep = cur->left;
        }
        if (lr == 0) {
            parent->left = rep;
        } else {
            parent->right = rep;
        }
    } else {
        //有两个子结点
        //寻找 cur 的后继结点
        Node<TKey, TValue> *suc = cur->right;
        Node<TKey, TValue> *sucParent = cur;
        while (suc->left != NULL) {
            sucParent = suc;
```

```
        suc = suc->left;
    }
    //用后继结点的右子结点替换后继结点
    sucParent->left = suc->right;
    //用后继结点替换 cur
    suc->left = cur->left;
    suc->right = cur->right;
    if (lr == 0) {
        parent->left = suc;
    } else {
        parent->right = suc;
    }
}
delete cur;
}
```

为了验证这些代码，需要实现一段中序遍历打印二叉查找树的程序，我们把这个实现留给读者。

5. 二叉查找树的效率

二叉查找树的效率如何呢？根据之前学过的各种关于时间复杂度计算和估算的例子，大家应该很容易地估算出二叉查找树的时间复杂度是 $O(\log n)$。因为类似二分查找法，每次二叉查找树可以排除左子树或者右子树，也就是一半的数据。但是，与二分查找法不同，二叉查找树的数据或者说结点并不是密密麻麻排列的，存在左右子树可以为空的情况，也就是说，并不一定每次都能排除一半的情况，$O(\log n)$ 只是最好情况下的时间复杂度。那么，最坏情况下呢？试想这样一种情况，我们创建了空的二叉查找树后，接到了一组这样顺序的数据存储请求：1、2、3、4、5、6、7。根据二叉查找树的插入算法，最后二叉查找树必然被创建成如图 9-9 所示情况。

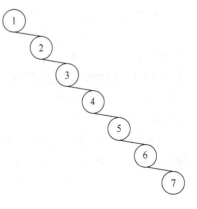

图 9-9 二叉查找树的最差情况

在此情况下，二叉查找树与线性结构的链表没什么区别，它的效率变成了 $O(n)$。因此，我们只能说，二叉查找树的时间复杂度是 $O(h)$，其中 h 为树的高度。这个高度根据数据输入先后次序的不同，可能会有很大的区别。为了让二叉查找树成为一个真正可用的高效数据结构，必须要建立一种让二叉树"平衡"的数据结构，使二叉树每个结点的左右子结点数目相同或非常接近，从而保证 $O(\log n)$

的效率。这种二叉查找树的代表有红黑树和 AVL 树等。

9.3.2　红黑树

1. 红黑树的基本概念

红黑树是一种平衡的二叉查找树，它的每个结点增加了一个标识位用于进行平衡的检测和处理。算法发明者把这个标识位命名为"颜色"，分为"红色"和"黑色"两种，因此这种二叉查找树称为**红黑树**。考虑到印刷原因，本书的红黑树图片用白色表示红色结点，黑色表示黑色结点，如图 9-10 所示。

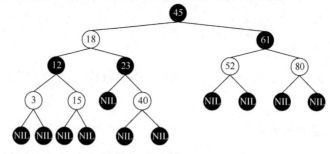

图 9-10　红黑树示例

红黑树中的结点要么为红，要么为黑，但空结点(NULL)是没法给颜色的，因为 NULL 根本就没有分配内存。为了保持结点的一致性，红黑树中为空结点分配了内存空间，姑且称它为 NIL 结点，NIL 的颜色是黑色的，二叉树中所有本来应该为 NULL 的指针，现在都被设定为指向 NIL 结点。这样一来，所有的叶子结点都是 NIL，它们被称为外结点；而所有的包含关键字的、非 NIL 的结点称为二叉树的内结点。实际上，为了节省空间，实现时只需要分配一个 NIL 结点，所有需要指向 NIL 的结点都指向它，逻辑上我们则仍把每个 NIL 看成不同的结点。无论每个空结点单独分配空间还是共享空间，都不影响算法与实现，如图 9-11 所示。

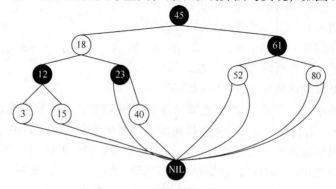

图 9-11　红黑树实际存储

构造红黑树的关键是它能够满足平衡性要求，因此红黑树的结构必须满足一定的性质。一棵二叉查找树如果满足以下性质，则为一棵红黑树：

(1) 每个结点是红色的或者黑色的。

(2) 根结点是黑色的。

(3) 每个叶子结点(NIL)是黑色的。

(4) 如果一个结点是红色的，则它的两个儿子都是黑色的。

(5) 对每个结点 x，从 x 到以 x 为根结点的子树的所有叶子结点路径上包含相同数目的黑色结点。

首先证明红黑树是一种高效的二叉查找树，即在其中进行关键字查找的时间复杂度为 $O(\log n)$，为此，只要证明如果红黑树有 n 个内结点，那么它的高度至多为 $O(\log n)$ 就行了。

为了方便描述，把结点 x 到叶子结点的路径上黑色结点的个数(不包括结点 x，包括叶子结点)称为该结点 x 的黑高度，记为 bh(x)。下面首先证明一条引理：**以某结点 x 为根结点的子树至少包含 $2^{bh(x)}-1$ 个内结点。**

证明：把子树的高度看成变量，用归纳法证明。

如果子树 x 的高度为 0，即 x 为 NIL，此时 x 包含 $2^0-1=0$ 个内结点。

设子树 x 的高度为 h，假设当任意子树高度 $k<h$ 时，命题成立。对于高度大于 0 的子树 x，它本身肯定是一个内结点，并且必定包括两个子树(可以是 NIL)。如果它的子结点 y 为红色，那么子树 y 的黑高度 bh(y)=bh(x)；如果它的子结点 y 为黑色，那么子树 y 的黑高度 bh(y)=bh(x)–1。因为 x 的子树的高度必然小于 x 的高度，根据归纳假设，x 的每个子树至少包含 $(2^{bh(x)-1}-1)$ 个内结点，再加上 x 本身是内结点，因此共至少包含 $2 \times(2^{bh(x)-1}-1) + 1 = 2^{bh(x)}-1$ 个内结点。命题得证。

有了这条引理，再来分析红黑树的高度。根据性质(4)，红黑树至少有一半结点是黑色的。再根据性质(5)，设红黑树高度为 h，那么根结点的黑高度至少为 $h/2$。最后根据第 5 章二叉树的性质(2)，设红黑树内结点数为 n，则 $n \geqslant 2^{h/2}-1$。因此，$h \leqslant 2\log_2(n+1)$，即在红黑树中进行查找的时间复杂度为 $O(\log n)$。

2. 红黑树的旋转

在红黑树中进行插入和删除操作可能会破坏红黑树的性质，红黑树提供了一种基本操作用于恢复性质，这种操作就是旋转。这里先介绍旋转操作，后面再分析红黑树插入和删除时如何使用旋转。红黑树的旋转分为左旋和右旋，如图 9-12 所示，其目的都是在不改变二叉查找树性质(结点的左子树关键字均小于结点关键字，右子树关键字均大于结点关键字)的情况下，调整子树 x 的结构。进行左旋时，要求子树根结点的右子树不能为空；进行右旋时，子树根结点的左子树不能为空。

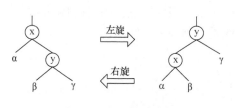

图 9-12　红黑树的旋转

左旋操作主要包括三个步骤：

(1) 将 y 的左子树设置为 x 的右子树，将 y 的左子树的父结点设置为 x。

(2) 若 x 为根结点，则将 y 设置为根结点，否则将 y 的父结点设置为 x 的父结点。

(3) 将 y 的左子树设置为 x，将 x 的父结点设置为 y。

右旋的步骤与左旋类似。

3. 红黑树的插入

前面已经学习过二叉查找树的插入，红黑树是二叉查找树，因此基本步骤应该与二叉查找树的插入相同，插入结点的两个子结点自然设置为 NIL。结点插入的位置完全由待插入关键字和树的结构决定，区别主要在于插入新结点后红黑树结点颜色的性质如何保持。红黑树最妙的地方在于，插入数据可能会打破二叉树原有的平衡状态，同时也会破坏红黑树的性质；为了使红黑树重新满足性质所做的结构调整，也会导致红黑树回到平衡状态。

红黑树的插入可以分为两个大的步骤完成，即插入和插入后调整。插入操作这里不再详述，下面重点分析插入后的颜色或者说结构调整。

红黑树第(4)条性质，也可以用另一种方式来表述：任意一个红色结点的父结点不会是红色结点(读者可自行证明两种表述等价)。后面的分析会用到这种表述方式。

首先需要考虑的是插入结点的颜色，显然先暂时将其设定为红色是最为合理的。因为若将其设为黑色，则可能破坏第(5)条性质，这一条也是处理起来最麻烦的，而设定为红色，则只可能破坏性质(2)和(4)，这两条相比于第(5)条还是要好处理些。

之后就要根据插入结点的父结点以及父结点的兄弟结点颜色分情况讨论。为了叙述方便，不妨称插入的结点为 z。

先来看一种最简单的情况：z 的父结点为黑色。如图 9-13 所示，这种情况最简单，没有违反红黑树的性质，插入操作就此完成，不需要再调整了。

接下来要分析的都是 z 的父结点为红色的情况，因为这个条件后面都一样，这里不再重复介绍，只列出其他不同条件。这里只分析 z 的父结点为 z 的祖父结点的

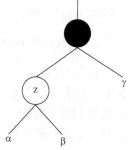

图 9-13　z 的父结点为黑色

左子结点时的情况，z 的父结点为 z 的祖父结点的右子结点时的情况请读者自己
补充完整。

第一种情况：z 的父结点的兄弟结点为黑色，z 为父结点的左子结点。

如图 9-14 所示，这种情况非进行结构调整不可，调整时特别需要小心不要违
反性质(5)。

设 z 的父结点为 x，x 的父结点为 r，x 的兄弟结点为 y。显然除了插入结点，
其他位置都还是保持之前红黑树的性质，由于 x 为红色，那么 r 必然为黑色。此
时只要将 x 右旋，然后将 x 改为黑色，r 改为红色，就能恢复红黑树的性质。此
时以 x 为根结点的子树从 x 开始到各叶子结点经过路径上黑色结点的数目，与
之前以 r 为根结点的子树从 r 开始到各叶子结点经过路径上黑色结点的数目完全
相同。

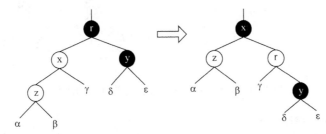

图 9-14 z 的父结点的兄弟结点为黑色，z 为父结点的左子结点的情况

第二种情况：z 的父结点的兄弟结点为黑色，z 为父结点的右子结点。

如图 9-15 所示，这种情况比较麻烦，首先需要对 z 进行左旋，然后对 z 进
行右旋，之后将 z 改为黑色，r 改为红色，就能恢复红黑树的性质。容易验证，
用这种方法进行调整，调整前后子树根结点到各叶子结点路径上黑色结点数目
不变。

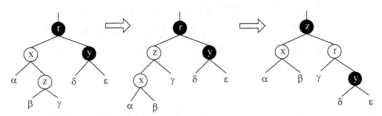

图 9-15 z 的父结点的兄弟结点为黑色，z 为父结点的右子结点的情况

第三种情况：z 的父结点的兄弟结点为红色。

如图 9-16 所示，这种情况下，只需要将 x 和 y 改成黑色，r 改成红色即可，
不需要调整结构。调整颜色后，x 和 y 所在子树的黑高度都增加 1，但子树根结点
到各叶子结点路径上黑色结点数目仍然相等。需要特别指出的是，这种情况把子

树根结点变成了红色,从而有可能违反性质(2)和性质(4),因此与之前两种情况不同,这种情况处理后问题"上移"。接下来需要对结点 r 进行分析,若 r 是整个红黑树的根结点,则直接将 r 改成黑色,若不是,则无外乎是上面的几种情况,可以按照上面的分析继续调整结构。

　　红黑树插入操作的时间复杂度由两部分决定,首先是二叉查找树插入的部分,前面已经证明了,这是 $O(\log n)$ 时间复杂度的,接下来是调整结构的部分,这部分除了情况三之外,都是常数次的,而情况三即使红色结点需要一路上移处理,也不会超过红黑树的高度次,因此也是 $O(\log n)$ 级别,因此红黑树插入操作的时间复杂度是 $O(\log n)$。

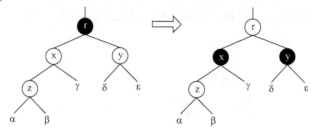

图 9-16　z 的父结点的兄弟结点为红色的情况

4. 红黑树的删除

　　与红黑树的插入类似,红黑树的删除也是先执行二叉查找树的删除,再进行调整,只是需要考虑的情况更为复杂。

　　请读者回忆一下二叉查找树的删除,在介绍算法时分三种情况进行讨论。第一种情况是待删除结点没有子结点的情况,这种情况直接删除即可。第二种情况是待删除结点只有一个子结点的情况,这种情况用子结点取代待删除结点。第三种情况是待删除结点有左右两个子结点的情况,这种情况需要用子结点的右子树中序遍历的第一个结点 x 取代待删除结点,然后删除结点 x。

　　取代操作是安全的,取代结点按照被取代结点的颜色着色即可,不会违反红黑树的性质,可能违反性质的是删除操作。下面分别讨论删除时可能遇到的各种情况,同样只分析待删除结点为父结点左子结点时的情况,另一种情况请读者自行补充。

　　首先来看最简单的情况:如果待删除结点为红色结点,那么它的子结点必定为黑色,此时不需要调整,不会违反性质。如果待删除结点为黑色结点,它的子结点为红色结点,那么只需要将其子结点改为黑色即可,也不会违反性质。

　　棘手的是待删除结点为黑色,并且其子结点也为黑色的情况。设待删除结点为 p,p 的子结点为 z,直接用 z 取代 p 后整个子树的黑高度会减一,导致从其祖父结点到这一子树各叶子结点路径上的黑色结点数目与到另一子树各叶子结点路径上的黑色结点数目不一致。为了解决这个问题，不得不暂时把 z 设定为"双重黑色"，以保证其子树黑高度不变，剩下的问题就是如何消除"双重黑色"结点 z(后面示意图中以黑色同心圆表示)。这个双重黑色只是逻辑概念，是需要消除的，并不需要实际增加一种新颜色。

第一种情况：z 的兄弟结点 y 为黑色，y 的右子结点 x 为红色。

如图 9-17 所示，只要将 y 进行左旋，即可消除 z 的双重黑色。容易看出，旋转前 r 到α、β、γ、δ和ε的各个子树叶子结点路径上的黑色结点数，等于旋转后 y 到这些子树叶子结点路径上的黑色结点数。

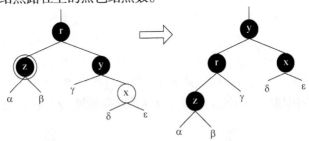

图 9-17　z 的兄弟结点 y 为黑色，y 的右子结点 x 为红色的情况

第二种情况：z 的兄弟结点 y 为黑色，y 的右子结点为黑色，左子结点 x 为红色。

如图 9-18 所示，由于除 z 之外红黑树的其他部分在删除前后都还是符合红黑树基本性质的，因此 x 的子结点均为黑色。只要先将 x 进行右旋，再将 x 进行左旋，即可消除 z 的双重黑色。容易看出，旋转前 r 到α、β、γ、δ和ε的各个子树叶子结点路径上的黑色结点数，等于旋转后 x 到这些子树叶子结点路径上的黑色结点数。

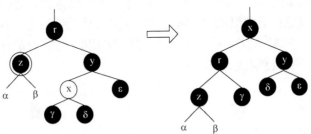

图 9-18　z 的兄弟结点 y 为黑色，y 的右子结点为黑色，左子结点 x 为红色的情况

第三种情况：z 的兄弟结点 y 为黑色，y 的左右子结点均为黑色，z 的父结点 r 为红色。

如图 9-19 所示，只要将 r 重新着色为黑色，y 着色为红色，即可消除 z 的双重黑色。容易看出，旋转前后 r 到各个子树叶子结点路径上的黑色结点数不变。

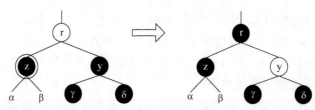

图 9-19　z 的兄弟结点 y 为黑色，y 的左右子结点均为黑色，z 的父结点 r 为红色的情况

第四种情况：z 的兄弟结点 y 为黑色，y 的左右子结点均为黑色，z 的父结点 r 也为黑色。

如图 9-20 所示，这种情况需要将 r 重新着色为双重黑色，y 着色为红色，即可消除 z 的双重黑色。容易看出，旋转前后 r 到各个子树叶子结点路径上的黑色结点数不变。与上述几种情况不同的是，此时调整工作并没有进行完毕，双重黑色结点从 z "上移" 到了 r，接下来应该从 r 开始继续进行调整工作，直到消除双重黑色结点。若根结点出现双重黑色，则可以直接消除双重黑色(为什么请读者自己思考)。

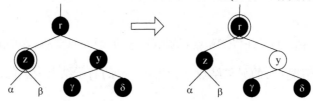

图 9-20　z 的兄弟结点 y 为黑色，y 的左右子结点均为黑色，z 的父结点 r 也为黑色的情况

第五种情况：z 的兄弟结点 y 为红色。

如图 9-21 所示，由红黑树的性质可知，y 的根结点 r 及 y 的左右子结点均为黑色。这种情况需要将 y 左旋，然后将 r 重新着色为红色，y 着色为黑色。容易看出，旋转前 r 到各个子树叶子结点路径上的黑色结点数，等于旋转后 y 到这些子树叶子结点路径上的黑色结点数。此时调整操作没有结束，双重黑色结点在树中的位置被 "下移" (不过还是 z)。这时消除双重黑色结点 z 的操作已经转换成了情况三，只需要重新着色即可。

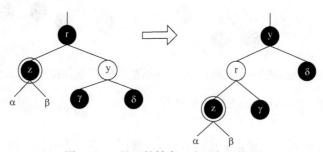

图 9-21　z 的兄弟结点 y 为红色的情况

　　根据上述算法各种情况的讨论，红黑树删除调整的操作次数不会超过红黑树的高度，因此红黑树删除的时间复杂度也是 $O(\log n)$。

　　红黑树算法需要分析的情况较多，初学起来颇为头疼，不过由于它采用了二叉树这种简单的数据结构，且在查找、插入和删除方面都能够达到 $O(\log n)$ 时间复杂度，因此得到了非常广泛的应用。读者在实现需要快速高效查找数据的功能时，应首先考虑哈希表，而如果数据本身是高度动态变化的，那么应首选红黑树。

9.3.3　C++ STL 中二叉查找树的用法

　　像红黑树这样的平衡二叉树在插入和删除结点时，需要考虑的情况极多，实现起来非常复杂，幸好 C++ STL 中已经为我们实现了两种红黑树结构，分别是 set 和 map。

　　1. C++ STL 中基于红黑树实现的 set 用法

　　set 顾名思义是"集合"的意思，定义和功能类似于数学中的集合，不允许集合中的数据出现重复。set 一般用于数据查找，即查找某个元素是否在集合中，有时也使用它插入元素时会自动忽略重复元素的功能。set 底层使用红黑树实现，插入删除的效率比基于线性结构的二分查找法高。

　　set 的主要函数如下：

　　(1) begin()，返回 set 容器的第一个迭代器。

　　(2) end()，返回 set 容器的最后一个迭代器。

　　(3) clear()，删除 set 容器中所有的元素。

　　(4) empty()，判断 set 容器是否为空。

　　(5) size()，返回当前 set 容器中的元素个数。

　　(6) insert()，插入元素。

　　(7) erase()，删除元素。

　　(8) find()，查找元素，若容器中不存在该元素，则返回值等于 end()。

　　下面举一个简单的例子说明 set 的用法，代码如下：

```cpp
#include <iostream>
#include <set>
using namespace std;
int main()
{
    set<int> s;
    s.insert(1);
    s.insert(2);
    s.insert(3);
    s.insert(1);   //这里不会重复插入
```

```
    if (s.find(2) != s.end())
        cout << "2 is in the set" << endl;
    return 0;
}
```

2. C++ STL 中基于红黑树实现的 map 用法

map 与 set 非常类似，它与 set 的区别是，set 只能查询某个元素是否存在，而 map 中每个元素的数据类型是<关键字，值>(<key,value>)结构，可以根据 key 查找 value。STL 的 map 中 key 和 value 的类型可以是任意类型。可以根据 key 的值修改 value，但 key 一旦确定就不能修改。从功能上讲，它与 unordered_map 完全相同，只是底层实现不同，map 用红黑树实现，unordered_map 用哈希表实现，因此二者应用于不同情境下。

由于 map 与 set 和 unordered_map 非常类似，这里不再详细列举其功能，只简要举例说明其主要用法。

首先看一下利用 pair 将元素插入 map 的操作：

```
#include <map>
#include <string>
#include <iostream>
using namespace std;
int main()
{
    map<int, string> m;
    m.insert(pair<int, string>(1, "one"));
    m.insert(pair<int, string>(2, "two"));
    m.insert(pair<int, string>(3, "three"));

    map<int, string>::iterator iter;
    for(iter = m.begin(); iter != m.end(); iter++)
        cout << iter->first << ' ' << iter->second << endl;
}
```

也可以用 map 自带的 value_type 类型来插入数据，例如：

```
map<int, string> m;
m.insert(map<int, string>::value_type(1, "one"));
m.insert(map<int, string>::value_type(2, "two"));
m.insert(map<int, string>::value_type(3, "three"));
```

其效果与 pair 完全相同。接下来的例子是查找、删除和修改的方法：

```
iter = m.find(1);    //查找
if(iter != m.end())
    cout << "key 1 Found. The value is " << iter->second << endl;
m.erase(iter);    //删除
m[2] = "TWO";    //修改
for(iter = m.begin(); iter != m.end(); iter++)
```

```
cout << iter->first << ' ' << iter->second << endl;
```

9.4 信息学竞赛中查找的应用

例 9-3 跳石头(NOIP2015 提高组)。

一年一度的"跳石头"比赛又要开始了!

这项比赛将在一条笔直的河道中进行,河道中分布着一些巨大的岩石。组委会已经选择好了两块岩石作为比赛起点和终点。在起点和终点之间,有 N 块岩石(不含起点和终点的岩石)。在比赛过程中,选手将从起点出发,每一步跳向相邻的岩石,直至到达终点。

为了提高比赛难度,组委会计划移走一些岩石,使得选手在比赛过程中的最短跳跃距离尽可能长。由于预算限制,组委会至多从起点和终点之间移走 M 块岩石(不能移走起点和终点的岩石)。

输入格式:

输入第一行包含三个整数 L、N、M,分别表示起点到终点的距离、起点和终点之间的岩石数,以及组委会至多移走的岩石数。

接下来 N 行,每行一个整数,第 i 行的整数 D_i ($0 < D_i < L$)表示第 i 块岩石与起点的距离。这些岩石按与起点距离从小到大的顺序给出,且不会有两个岩石出现在同一个位置。

输出格式:

输出只包含一个整数,即最短跳跃距离的最大值。

示例:

输入:

25 5 2

2

11

14

17

21

输出:

4

示例说明:

从起点到起点距离为 2 的岩石的跳跃距离为 2,从起点距离为 11 的岩石到 14 的岩石的跳跃距离为 3,是最短的两个跳跃距离。将与起点距离为 2 和 14 的两个岩石移走后,最短的跳跃距离为 4(从与起点距离 17 的岩石跳到 21 的岩石,或者从 21 的岩石跳到终点)。

数据规模与约定：

对于 20%的数据，$0 \leqslant M < N \leqslant 10$。

对于 50%的数据，$0 \leqslant M < N \leqslant 100$。

对于 100%的数据，$0 \ll M < N \leqslant 50000$，$1 \leqslant L \leqslant 1000000000$。

若采取穷举法，则计算量非常大。移走的岩石有 $C_N^0 + C_N^1 + \cdots + C_N^M$ 种选法，每种选法需将剩余的 N 至 $N-M$ 块岩石间的距离计算一遍获取最短跳跃距离，再找出最短跳跃距离的最大值，最坏情况可能会是 $O(n2^n)$时间复杂度。

可以采用二分查找法，通过二分查找法不断调整最短跳跃距离的最大值 x，并判断距离 x 是否可行，如果可行就说明取值正好或者小了，尝试取更大的 x；如果不可行就说明取值过大，尝试取更小的 x。判断距离是否可行的准则是：从前往后扫描，一旦这个石头到上一个石头的距离小于 x 就把这块石头移走，并统计移走的石头数，超过 M 就不可行。采用二分查找法的时间复杂度可达 $O(n\log n)$。

具体参考代码如下：

```cpp
#include <iostream>
using namespace std;

int L, n, m;
int a[50010];

// 判断距离 x 是否可行
bool ok(int x) {
    int pos;       //起始位置
    int w;         //移走岩石数量
    int i;
    for (pos = w = 0, i = 0; i < n; i++) {
        if (a[i] - pos < x)
            w++;
        else pos = a[i];
    }
    return w <= m;
}

int main()
{
    cin >> L >> n >> m;
    int i;
    for (i = 0; i < n; i++) {
        cin >> a[i];
    }
    a[n] = L;
```

```
int low, high, mid, ans;
for (low = 1, high = L; low <= high;) {
    mid = (low + high) / 2;
    getchar();
    if (ok(mid)) {
        ans = mid;
        low = mid + 1;
    }
    else high = mid - 1;
}
cout << ans << endl;
return 0;
}
```

例 9-4 四个数组相加。

假设有四个包含整数的数组 A、B、C、D，计算有多少个元组$(i、j、m、n)$，使得 $A[i]+B[j]+C[m]+D[n]=0$。

所有数组 A、B、C、D 具有相同的长度 N，且 $0 \leqslant N \leqslant 500$。所有整数的范围在 -2^{28} 到 $2^{28}-1$，最终结果不会超过 $2^{31}-1$。

输入格式：

第一行包括一个数字，代表每个数组的大小 N。

接下来 4 行每行有 N 个数字，分别表示 A、B、C、D 中的数据。

输出格式：一个数字，所有符合条件的元组个数。

输入：

4

1 2

–2 –1

–1 2

0 2

示例输出：

2

示例说明：

两个元组如下：

(1) $A[0]+B[0]+C[0]+D[1] = 1+(-2)+(-1)+2 = 0$。

(2) $A[1]+B[1]+C[0]+D[0] = 2+(-1)+(-1)+0 = 0$。

穷举法也可以解决这个问题，但是效率非常低，时间复杂度为 $O(N^4)$。考虑到 $A[i]+B[j]+C[m]+D[n]=0$ 可以变换成 $A[i]+B[j]=-(C[m]+D[n])$。因此，可以先将两个数组之和$(A[i]+B[j])$存入哈希表，再计算另外两个数组和的相反数 $-(C[m]+D[n])$，在哈希表中查找$-(C[m]+D[n])$是否存在。若存在，则表示存在元组

$(i$、j、m、$n)$，使得 $A[i]+B[j]+C[m]+D[n]=0$。统计所有满足条件的元组个数即可。
　　参考代码如下：

```cpp
#include <unordered_map>
#include <iostream>
using namespace std;

int fourSumCount(int* A,int ASize, int* B, int BSize, int* C, int CSize,
int* D,int DSize) {
    unordered_map<int, int> map;
    int res = 0;
    for (int i = 0; i < ASize; i++) {
        for (int j = 0; j < BSize; j++) {
            int sumAB = A[i] + B[j];  //计算两数之和
            if (map.find(sumAB) != map.end()){
                //查找是否存在 key = sumAB 的关键字
                map[sumAB] = map.at(sumAB) + 1; //存在则值(次数)加 1
            }
            else map[sumAB] = 1;  //不存在则添加关键字，并且值为 1
        }
    }

    for (int i = 0; i < CSize; i++) {
        for (int j = 0; j < DSize; j++) {
            int sumCD = -(C[i] + D[j]);//计算另外两数的相反数
            if (map.find(sumCD) != map.end())
                //查找是否存在 key = sumCD 的关键字
                res += map.at(sumCD); //存在则元素数量加上对应值(次数)
        }
    }
    return res;
}
int main()
{
    int *A = NULL;
    int *B = NULL;
    int *C = NULL;
    int *D = NULL;
    int N;
    cin >> N;
    A = new int[N+10];
    B = new int[N + 10];
    C = new int[N + 10];
    D = new int[N + 10];
    for (int i = 0; i < N; ++i)
        cin >> A[i];
```

```
    for (int i = 0; i < N; ++i)
        cin >> B[i];
    for (int i = 0; i < N; ++i)
        cin >> C[i];
    for (int i = 0; i < N; ++i)
        cin >> D[i];
    int ans = fourSumCount(A,N,B,N,C,N,D,N);
    cout << ans;
    if (A) { delete A; A = NULL; }
    if (B) { delete B; B = NULL; }
    if (C) { delete C; C = NULL; }
    if (D) { delete D; D = NULL; }
    return 0;
}
```

该算法的时间复杂度为 $O(N^2)$。

习　题

简答题

1. 二叉查找树和二分查找法的主要区别是什么?

2. 开放定址法实现的哈希表在什么情况下效率会变得很低?

编程题

3. 用 C++ STL 容器 set 的 insert 和 find 等函数,实现两个集合 s1 和 s2 的"交"和"并"操作。

4. 好元素。

小 A 一直认为, 若在一个由 N 个整数组成的数列 $\{A_n\}$ 中, 存在 $A_m+A_n+A_p = A_i$ ($1 \leqslant m, n, p < i \leqslant N, m$、$n$、$p$ 可以相同), 那么 A_i 就是一个好元素。

现在小 A 有一个数列, 请你计算数列中好元素的数目。

输入格式:

第一行只有一个正整数 N, 意义如上。

第二行包含 N 个整数, 表示数列 $\{A_n\}$。

输出格式:

输出一个整数, 表示这个数列中好元素的个数。

示例 1:

输入:

2

1 3

输出:

1
示例说明：

1+1+1=3
示例 2：

输入：

6
1 2 3 5 7 10
输出：

4
示例说明：

1+2+2=5
1+1+5=7
1+2+7=10
2+3+5=10

第10章 动态规划

之前我们学过分治法等递归方法，可以将原始问题划分成更小的子问题，递归地求解子问题从而得到原始问题的答案。这类方法的优点是在于化繁为简，但这个"简"仅仅体现在思路和算法上，而实际运算量则由于递归过程的重复性变得更"繁"。针对递归存在的这一问题，**动态规划(dynamic programming)**方法做了一个小的改进：对每个重复的子问题只求解一次并保存结果，下次遇到拆分出的同一问题时直接查询之前计算结果即可。

动态规划是求解问题的一种广义方法，而不是一种特殊算法。由于各种问题的性质不同，求解方法也不同，因此动态规划方法对不同的问题，有各具特色的解题方法，而不存在一种万能的动态规划算法。动态规划用于求解的问题通常称为**最优化问题(optimization problem)**，即在满足一系列限制条件下，使目标达到最优值的问题。动态规划求解最优化问题的形式多样，变化无穷，也是每年编程竞赛的必考题型。动态规划问题一题一策，并无规律可循，但为了控制难度，编程竞赛中的大部分动态规划问题其实是经典问题的变化与扩展。本章首先介绍动态规划的经典问题，如最长上升子序列和最长公共序列等基础问题、背包问题和区域动态规划问题等，然后介绍动态规划方法在信息学竞赛中的应用。

10.1 动态规划基础

动态规划可以看成两大步骤：①找出递归求解问题的办法，通常可以写成包含递推关系的数学表达式；②不使用递归，而是用自底向上递推的方法求解问题。

寻找包含递推关系表达式的过程有些像数学归纳法，想要求 $f(i)$，可以假定已经求出了 $f(i-1)$，只要找到 $f(i)$ 和 $f(i-1)$ 间的递推关系即可(第一数学归纳法)；或者假定已经求出了 $f(i-1), f(i-2), \cdots, f(i-p)$，只要找到 $f(i)$ 和 $f(i-1), f(i-2), \cdots, f(i-p)$ 的关系即可(第二数学归纳法)。比中学所学的数学归纳法复杂的地方是，通常动态规划问题不只一维，可能会有二维甚至是三维以上的情况，也就是说要找 $f(i, j, k)$ 和 $f(i-p, j-q, k-r)$ 之间的关系，在有限的竞赛时间内解决这类问题，是对编程熟练度、创造力、细心程度和抗压能力的多重考验。

本节介绍三种经典的动态规划问题：数字三角形、最长上升子序列和最长公共子序列。这三类问题属于动态规划问题中比较基础的问题。读者可以通过这三

```
        7
      3   8
    8   1   0
  2   7   4   4
4   5   2   6   5
```

图 10-1　数字三角形

个问题初步了解和熟悉用动态规划方法分析与解决问题的过程。

例 10-1　数字三角形。

在如图 10-1 所示的数字三角形中寻找一条从顶部到底边的路径，使得路径上所经过的数字之和最大。路径上的每一步都只能向左下或右下走。只需要求出这个最大和即可，不必给出具体路径。三角形的行数大于 1 小于等于 100，数字为 0~99。

输入格式：

第一行输入三角形行数，以后每一行依次输入三角形每行的各个数字。

输出格式：

一个数字，表示路径所经过的数字最大和。

示例：

输入：

5

7

3 8

8 10

2 7 4 4

4 5 2 6 5

输出：

30

示例说明：经过的路线为：7→3→8→7→5。

根据题目，可将数据保存在矩阵(二维数组)$a(n, n)$中，且只使用矩阵的左下一半区域。按照这种存储方式，路径上的每一步都只能往左下或右下走的规定，可以翻译为：假定路径当前移动到(i, j)位置，接下来的步骤只能选择$(i+1, j)$位置和$(i+1, j+1)$位置。

接下来是动态规划或者说是递归解决问题的常规方法，之前的章节已经多次举例和练习了这种方法，本章读者需要进一步适应这种思维方法。

用$f(i, j)$表示从最顶上的位置走到第(i, j)位置的路径最大和，鉴于能走到(i,j)的路径上一步只可能经过$(i-1, j-1)$和$(i-1, j)$，因此有

$$f(i,j) = \begin{cases} a(i,j) + \max(f(i-1,j-1)f(i-1,j)), & 0 < j < i \\ a(i,j) + f(i-1,j), & j = 0 \\ a(i,j) + f(i-1,j-1), & j = i \end{cases}$$

注意，每行左右两边的两个位置的上一层只可能经过唯一位置。

另外递归的终止条件或者说递推的起始条件是 $f(0,0)=a(0,0)$。题目所求的路径经过的数字最大和为 $f(n-1,j)$ 中最大的那一项。

到这里读者应该已经可以用递归来实现代码了，但这样做会使其中的各 $f(i,j)$ 在不同的递归过程中重复求解很多次。为了程序运行的高效，要将其写成从第 0 行第 0 列开始逐行逐列递推 $f(i,j)$ 的形式，求解得到的上一行结果保存起来，供下一行的 $f(i,j)$ 计算使用，这里由于数据量不大，干脆将所有的 $f(i,j)$ 都保存在二维数组 f 中。参考代码如下：

```cpp
#include <iostream>
using namespace std;

int main()
{
int n;
int i, j;
int a[100][100];
int f[100][100];
cin >> n;
for (i = 0; i < n; i++) {
    for (j = 0; j <= i; j++) {
        cin >> a[i][j];
    }
}
f[0][0] = a[0][0];
for (i = 1; i < n; i++) {
    f[i][0] = a[i][0] + f[i - 1][0];
    for (j = 1; j < i; j++) {
        f[i][j] = a[i][j] + ((f[i - 1][j - 1] > f[i - 1][j]) ? f[i
- 1][j - 1] : f[i - 1][j]);
    }
    f[i][i] = a[i][i] + f[i - 1][i - 1];
}
int m = f[n - 1][0];
for (j = 1; j < n; j++) {
    if (m < f[n - 1][j]) {
        m = f[n - 1][j];
    }
}
cout << m << endl;
return 0;
}
```

例 10-2 最长上升子序列。

给定一个长度为 N 的数列，求它数值单调递增的子序列长度最大为多少。上升子序列的定义是: 已知有数列 A, $A=A_1, A_2, \cdots, A_n$, 求 A 的任意子序列 $B(B=A_{k1}, A_{k2}, \cdots, A_{kp})$, 使 B 满足 $k_1<k_2<\cdots<k_p$, 且 $A_{k1}<A_{k2}<\cdots<A_{kp}$。求最长上升子序列长度即求 p 的最大值。

注意, 子序列并非要求各项连续的序列。

输入格式:

第一行输入序列长度, 第二行依次输入序列各项。

输出格式:

一个数, 表示最长上升子序列长度。

示例:

输入:

8

10 9 2 5 3 7 101 18

输出:

4

示例说明: 最长的上升子序列是[2,3,7,101]或[2,5,7,101], 长度均为4。

用 $f(i)$ 表示以数列 A_i 项结束的子序列的最长上升子序列长度。如果要利用递归, 那么 $f(i)$ 是由子序列 $A_{k1}, A_{k2}, \cdots, A_{kj}$ 再加第 A_i 项组成, 其中子序列 $A_{k1}, A_{k2}, \cdots, A_{kj}$ 应该以某个比 A_i 小的项结束, 且满足单调递增条件。如果有多个满足这一条件的 $A_{k1}, A_{k2}, \cdots, A_{kj}$, 应该取其中 $f(j)$ 最大的那一个。写成数学表达式应该是

$$f(i) = \max_{0 \leqslant j < i, A_j < A_i} f(j) + 1$$

最终的结果为所有 $f(i)$ 中最大的一项。

递推的起始条件为 $f(1)=1$, 即由 A_1 组成子序列长度为 1。因为编程时通常从 0 开始编号, 并且 max 是有条件的执行, 所以在实际编码中做的初始化是将所有 $f(i)$ 初始化为 0。

具体参考代码如下:

```
#include <iostream>
using namespace std;

int main()
{
    int a[100];
    int f[100];
    int n;
    cin >> n;
    int i, j;
    for (i = 0; i < n; i++) {
```

```
            cin >> a[i];
        }
        int ans = 0;
        for (i = 0; i < n; i++) {
            f[i] = 0;
            for (j = 1; j < i; j++) {
                if (a[j] < a[i]) {
                    f[i] = max(f[i], f[j]);
                }
            }
            f[i]++;
            if (ans < f[i]) {
                ans = f[i];
            }
        }
        cout << ans << endl;
        return 0;
    }
```

例 10-3　最长公共子序列。

给定两个字符串序列 X 和 Y，求出两个序列的最长公共子序列长度。

注意，子序列不是子串，并非要求各项连续的序列。

输入格式：

两行，分别为两个字符串。

输出格式：

一个数字，表示最长公共子序列长度。

示例：

输入：

cnblogs

belong

输出：

4

示例说明：

最长公共子序列为 blog。

定义 $f(i,j)$ 为序列 X 的前 i 个字符和序列 Y 的前 j 个字符的最长公共子序列长度。那么有以下递推关系：

$$f(i,j)=\begin{cases}0, & i=0\text{或}j=0\\ f(i-1,j-1)+1, & i,j>0\text{且}X_i=Y_j\\ \max(f(i-1,j),f(i,j-1)), & i,j>0\text{且}X_i\neq Y_j\end{cases}$$

　　该递推关系与字符串匹配的 KMP 算法有类似的地方，这里就不详细解释了。
$f(0)$ 表示的是没有字符，而不是包含字符串的第 0 个字符。动态规划中经常有初
始化需要从 0 开始而不是从数组第 0 项(数学上的第 1 项)开始的情况，在写数学
递推公式时，一般都是按从 1 开始的写法，因此转换成代码时，如果数组从 0 开
始，下标要小心处理。读者也可以看到其他参考资料中常常有为了避免转换麻烦，
代码从数组第 1 项开始使用的情况。

　　具体参考代码如下：

```cpp
#include <iostream>
#include <string>
using namespace std;

int main()
{
    string x, y;
    cin >> x;
    cin >> y;
    int f[100][100];
    int i, j;
    for (i = 0; i <= x.size(); i++) {
        for (j = 0; j <= y.size(); j++) {
            if (i == 0 || j == 0) {
                f[i][j] = 0;
            } else if (x[i - 1] == y[j - 1]) {
                f[i][j] = f[i - 1][j - 1] + 1;
            } else {
                f[i][j] = max(f[i - 1][j], f[i][j - 1]);
            }
        }
    }
    cout << f[x.size()][y.size()] << endl;
    return 0;
}
```

10.2　背　包　问　题

　　背包问题(knapsack problem)是一种组合优化问题。问题可以描述为：给定
一组物品，每种物品都有自己的重量和价格，在限定的总重量内，如何选择，
才能使得物品的总价格最高。背包问题出现在各种领域的现实世界的决策过程
中，如寻找最节约的方式来使用原材料、合理选择投资组合以及生成背包密码系
统等。

例 10-4　0-1 背包问题。

有 N 件物品和一个容量为 V 的背包，放入第 i 件物品耗费的空间是 C_i，得到的价值是 W_i。求解在不超过容量的前提下，将物品装入背包可使价值总和最大。

输入格式：

第 1 行输入两个正整数，分别表示 N 和 V。

第 2 行 N 个正整数，表示 C_i。

第 3 行 N 个正整数，表示 W_i。

输出格式：

一个数，表示最大价值总和。

示例：

输入：

4 20

8 9 5 2

2 6 7 3

输出：

16

示例说明：

放入后三件物品价值总和最大。

定义 $f(i, v)$ 为允许使用背包空间大小 v 放置前 i 个物体的最大价值总和。现在考虑 $f(i)$ 和 $f(i-1)$ 的关系。假定已经得到了放前 $i-1$ 个物体的最佳方法，现在只有两种情况：一种是 i 应该放进去，这样得到的最终价值总和最大；另一种是 i 不应该放进去，这样得到的最终价值总和最大。如果 i 应该放进去，就要给它留出空间，即前 $i-1$ 个物体的最佳放法是 $f(i-1, v-C_i)$ 的放法，允许放第 i 个物体进去的最大价值和为 $f(i-1, v-C_i)+W_i$。如果 i 不应该放进去，就不用给它留空间，而是把空间尽量留给前 $i-1$ 个物体，即前 $i-1$ 个物体的最佳放法是 $f(i-1, v)$ 的放法，允许放第 i 个物体进去的最大价值和仍为 $f(i-1, v)$。究竟两种情况哪种好呢？显然应该取 $f(i-1, v-C_i)+W_i$ 和 $f(i-1, v)$ 中大的那一项。

参考代码如下：

```
#include <iostream>
using namespace std;

int main()
{
    int f[100][1000];
    int n, v;
    int c[100], w[100];
    cin >> n >> v;
```

```
    int i, j;
    for (i = 1; i <= n; i++) {
        cin >> c[i];
    }
    for (i = 1; i <= n; i++) {
        cin >> w[i];
    }
    f[0][0] = 0;
    for (i = 1; i <= n; i++) {
        for (j = 0; j <= v; j++) {
            if (j >= c[i]) { //i有足够空间能放进去
                f[i][j] = max(f[i - 1][j - c[i]] + w[i], f[i - 1][j]);
            } else {
                f[i][j] = f[i - 1][j];
            }
        }
    }
    cout << f[n][v] << endl;
    return 0;
}
```

这段代码还可以进一步优化。

首先是空间复杂度。这里为 f 申请了 NV 的空间，但仔细思考可以发现，$f(i)$ 只需要用到 $f(i-1)$ 的数据，因此同时只需要保留 $2V$ 的空间，每次循环开始前，将 i 中的内容复制到第一个 V 空间，然后将计算结果保存到第二个 V 空间，即

```
int f[2][1000];
f[0][0] = 0;
for (i = 1; i <= n; i++) {
    if (i != 1) {
        memcpy(f, f + 1, sizeof(int) * 1000);
    }
    for (j = 0; j <= v; j++) {
        if (j >= c[i]) {
            f[1][j] = max(f[0][j - c[i]] + w[i], f[0][j]);
        } else {
            f[1][j] = f[0][j];
        }
    }
}
cout << f[1][v] << endl;
```

不过这样做引入了大量的复制操作，可以采用滚动数组的方法，轮流使用其中的一个作为 $i-1$ 的空间，另一个作为 i 的空间，避免复制，即

```
int f[2][1000];
f[0][0] = 0;
```

```
for (i = 1; i <= n; i++) {
    for (j = 0; j <= v; j++) {
        if (j >= c[i]) {
            f[i & 1][j] = max(f[(i - 1) & 1][j - c[i]] + w[i], f[(i-
1) & 1][j]);
        } else {
            f[i & 1][j] = f[(i - 1) & 1][j];
        }
    }
}
cout << f[(i - 1) & 1][v] << endl;
```

再仔细思考程序的递推部分 $f[i][j] = \max(f[i-1][j-c[i]] + w[i], f[i-1][j])$，如果把程序的循环改成倒序，就可以写成 $f[i][j] = \max(f[i][j-c[i]] + w[i], f[i][j])$，这样只用 V 空间的一维数组就可以保存所有需要用的缓存数据。

对应部分的代码可以改成：

```
int f[1000] = {0};
for (i = 1; i <= n; i++) {
    for (j = v; j >= c[i]; j--) {
        f[j] = max(f[j - c[i]] + w[i], f[j]);
    }
}
cout << f[v] << endl;
```

注意倒序循环前需要将 f 的所有数据初始化为 0。

例 10-5 完全背包问题。

有 N 种物品，每种有无数个。有一个容量为 V 的背包，放入第 i 种物品耗费的空间是 C_i，得到的价值是 W_i。求解在不超过容量的前提下，将物品装入背包可使价值总和最大。

完全背包问题与 0-1 背包问题的主要区别是同一种物品可以放多次。它从 $i-1$ 到 i 的递推公式为 $f(i,j) = \max(f(i-1, j-kc_i) + kw_i, f(i-1,j))$, $k = 1, 2, \cdots$，且 $kc_i \leqslant V$。

读者可以自行按照 0-1 背包的实现思路完成代码并不断优化。

这里采用另外一种思路写出递推公式，它定义的是从 $i-1$ 和 i 到 i 的递归关系：

$$f(i,j) = \max(f(i, j-c_i) + w_i, f(i-1,j))$$

这两个公式的含义完全相同，但后一个公式把 k 隐式包含在从 i 到 i 的关系中，使得代码更容易转换成一位数组缓存的方式，而这个公式的形式也同 0-1 背包问题的递推公式非常接近。

据此，采用 V 空间大小的一维数组缓存 f 的参考代码如下：

```
int f[1000] = {0};
for (i = 1; i <= n; i++) {
    for (j = c[i]; j <= v; j++) {
```

```
        f[j] = max(f[j - c[i]] + w[i], f[j]);
    }
}
cout << f[v] << endl;
```

　　可以看到完全背包问题与 0-1 背包问题一维数组缓存代码的区别在于 0-1 背包问题是从后向前倒序计算，而完全背包问题是从前向后正序计算，正序计算对应的是一种物品可以放无限多次的过程。

10.3　区间动态规划

　　前面介绍的动态规划问题一般都是在某个维度或多个维度上从 1 开始逐渐增长到 n，区间动态规划问题是以一段区间的左右端点坐标为单位，从长度为 1 的区间逐步向两边扩展，增长到长度为 n 的区间。

　　例 10-6　石子合并。

　　一条直线上摆放着一行共 N 堆的石子，其中第 i 堆石子的重量为 A_i。现要将石子有序地合并成一堆。规定每次只能选相邻的两堆合并成新的一堆，形成的新石子堆的重量及消耗的体力都是两堆石子的重量之和。求把全部 N 堆石子合成一堆最少需要多少体力。

　　输入格式：

　　第一行有一个整数 n，表示有 n 堆石子。

　　第二行有 n 个数，分别表示这 n 堆石子的重量。

　　输出格式：

　　输出一个数，表示最少需要的体力。

　　示例 1：

　　输入：

　　3

　　1 2 3

　　输出：

　　9

　　示例 2：

　　输入：

　　7

　　13 7 8 16 21 4 18

　　输出：

　　239

假定石子有三堆，把三堆石子分别编号 1、2、3，把三堆石子合并后的堆记作[1, 3]。得到[1, 3]堆有两种合并方法，即合并堆[1, 2]和[3, 3]、合并堆[1, 1]和[2, 3]，只要比较这两种方法哪个需要体力少即可。类似地，对于堆[l, r]，是要合并[l, k]和[k+1, r]，其中 k 可以取 l~r–1 的任意值，比较这些合并方法哪个需要的体力最少。另外，每次合并都要增加与合并后堆重量相同的体力，因此递推公式可以写成：

$$f(l,r) = \min_{l \leqslant k < r}\big(f(l,k) + f(k+1,r)\big) + \sum_{i=l}^{r} A_i$$

递推的初始值为

$$f(i,i) = 0, \quad i \in [1,n]$$

该问题的参考代码如下：

```cpp
#include <iostream>
#include <memory.h>
using namespace std;

int main()
{
    int n;
    int a[100];
    cin >> n;
    int i;
    for (i = 1; i <= n; i++) {
        cin >> a[i];
    }
    int f[100][100];
    memset(f, 0x3f, sizeof(f));    //设置 f 的各元素为最大值
    for (i = 1; i <= n; i++) {
        f[i][i] = 0;
    }
    int len, l, r, k, w;
    for (len = 2; len <= n; len++) {  //区间长度
        for (l = 1; l <= n - len + 1; l++) {
            r = l + len - 1;
            for (k = l; k < r; k++) {
                f[l][r] = min(f[l][r], f[l][k] + f[k + 1][r]);
            }
            w = 0;
            for (k = l; k <= r; k++) {
                w += a[k];
            }
            f[l][r] += w;
        }
    }
```

```
    cout << f[1][n] << endl;
    return 0;
}
```

注意，在代码中为了求 $f(l, r)$ 的最小值，必须开始时将 f 中各元素的初始值设为 INT_MAX。

另外，求 $\sum_{i=l}^{r} A_i$ 可以进一步优化，采用前缀和来计算，即将所有从 1 开始的重量累加和存入 w 数组，每次需要取堆$[l, r]$的重量时，用 $w[r]–w[l–1]$ 即可得到，代码如下：

```cpp
#include <iostream>
#include <memory.h>
using namespace std;

int main()
{
    int n;
    int a[100];
    cin >> n;
    int i;
    for (i = 1; i <= n; i++) {
        cin >> a[i];
    }
    int f[100][100];
    memset(f, 0x7f, sizeof(f));
    int w[100];
    for (i = 1; i <= n; i++) {
        f[i][i] = 0;
        w[i] = w[i - 1] + a[i];
    }
    int len, l, r, k;
    for (len = 2; len <= n; len++) { //区间长度
        for (l = 1; l <= n - len + 1; l++) {
            r = l + len - 1;
            for (k = l; k < r; k++) {
                f[l][r] = min(f[l][r], f[l][k] + f[k + 1][r]);
            }
            f[l][r] += w[r] - w[l - 1];
        }
    }
    cout << f[1][n] << endl;
    return 0;
}
```

例 10-7　木板涂色。

假设你有一条长度为 5 的木板，初始时没有涂过任何颜色。你希望把它的 5 个单位长度分别涂上红、绿、蓝、绿、红，用一个长度为 5 的字符串表示这个目标：RGBGR。每次可以把一段连续的木板涂成一个给定的颜色，后涂的颜色覆盖先涂的颜色。例如，第一次把木板涂成 RRRRR，第二次涂成 RGGGR，第三次涂成 RGBGR，达到目标。用尽量少的涂色次数达到目标。

输入格式：

输入仅一行，包含一个长度为 n 的字符串，即涂色目标。字符串中的每个字符都是一个大写字母，不同的字母代表不同的颜色，相同的字母代表相同的颜色。

输出格式：

仅一行，包含一个数，即最少的涂色次数。

示例 1：

输入：

AAAAA

输出：

1

示例 2：

输入：

RGBGR

输出：

3

对于区间 $[l, r]$，如果端点 l 和 r 的颜色相同，那么其中一个点就是白送的，即如果 $[l, r-1]$ 的涂色次数最少，那么涂 $[l, r-1]$ 时的第一笔多向右涂一格把 r 涂上和 l 相同的颜色，次数不变，肯定也是最少的。反之，若 $[l+1, r]$ 的涂色次数最少，则涂的时候第一笔多向左涂一格，次数不变，也是最少的。此时的递推公式为

$$f(l,r) = \min\{f(l,r-1), f(l+1,r)\}$$

若端点 l 和 r 的颜色不同，则类似石子合并，分别涂 $[l, k]$ 和 $[k+1, r]$，k 的取值为 $l \sim r$，此时的递推公式为

$$f(l,r) = \min_{l \leqslant k < r} f(l,k) + f(k+1,r)$$

递推的初始值为

$$f(i,i) = 1, \quad i \in [1,n]$$

即只涂木板的一格需要涂一次。

参考代码如下：

```cpp
#include <iostream>
#include <string>
```

```cpp
#include <memory.h>
using namespace std;

int main()
{
    string s;
    cin >> s;
    int n = s.size();
    int f[100][100];
    memset(f, 0x7f, sizeof(f));
    int i, l, r, k, len;
    for(i = 1; i <= n; i++) {
        f[i][i] = 1;
    }
    for(len = 2; len <= n; len++) {
        for (l = 1; l <= n - len + 1; l++) {
            r = l + len - 1;
            if (s[l - 1] == s[r - 1]) {
                f[l][r] = min(f[l + 1][r], f[l][r - 1]);
            } else {
                for (k = l; k < r; k++) {
                    f[l][r] = min(f[l][r], f[l][k] + f[k + 1][r]);
                }
            }
        }
    }
    cout << f[1][5] << endl;
    return 0;
}
```

10.4　信息学竞赛中动态规划的应用

例 10-8　摆渡车(NOIP2018 普及组)。

有 n 名同学要乘坐摆渡车从人大附中前往中国人民大学，第 i 位同学在第 t_i 分钟去等车。只有一辆摆渡车在工作，但摆渡车容量可以视为无限大。摆渡车从人大附中出发把车上的同学送到中国人民大学再回到人大附中(去接其他同学)，这样往返一趟总共花费 m 分钟(同学上下车时间忽略不计)。摆渡车要将所有同学都送到人民大学。

凯凯很好奇，如果他能任意安排摆渡车出发的时间，那么这些同学的等车时间之和最小为多少呢？

注意，摆渡车回到人大附中后可以即刻出发。

输入格式:

第一行包含两个正整数 n、m,以一个空格分开,分别代表等车人数和摆渡车往返一趟的时间。

第二行包含 n 个正整数,相邻两数之间以一个空格分隔,第 i 个非负整数 t_i 代表第 i 个同学到达车站的时刻。

输出格式:

输出一行,一个整数,表示所有同学等车时间之和的最小值(单位:分钟)。

示例 1:

输入:

5 1

3 4 4 3 5

输出 :

0

示例说明:

同学 1 和同学 4 在第 3 分钟开始等车,等待 0 分钟,在第 3 分钟乘坐摆渡车出发。摆渡车在第 4 分钟回到人大附中。

同学 2 和同学 3 在第 4 分钟开始等车,等待 0 分钟,在第 4 分钟乘坐摆渡车出发。摆渡车在第 5 分钟回到人大附中。

同学 5 在第 5 分钟开始等车,等待 0 分钟,在第 5 分钟乘坐摆渡车出发。自此所有同学都被送到中国人民大学。总等待时间为 0。

示例 2:

输入:

5 5

11 13 1 5 5

输出 :

4

示例说明:

同学 3 在第 1 分钟开始等车,等待 0 分钟,在第 1 分钟乘坐摆渡车出发。摆渡车在第 6 分钟回到人大附中。

同学 4 和同学 5 在第 5 分钟开始等车,等待 1 分钟,在第 6 分钟乘坐摆渡车出发。摆渡车在第 11 分钟回到人大附中。

同学 1 在第 11 分钟开始等车,等待 2 分钟;同学 2 在第 13 分钟开始等车,等待 0 分钟。他/她们在第 13 分钟乘坐摆渡车出发。自此所有同学都被送到中国人民大学。总等待时间为 4 分钟。

可以证明,没有总等待时间小于 4 分钟的方案。

首先需要乘客按照等车时间先后排序。

设 $f(i,j)$ 表示前 i 个乘客在第 i 个乘客等待 j 分钟情况下乘车的时间和最小值，j 取值范围为 $[0,m)$，$t[i]$ 为第 i 个乘客到达车站的时间。

如图 10-2 所示，分两种情况讨论：

(1) i 和 $i+1$ 乘客坐同一班车(即 $t[i]+j \geqslant t[i+1]$)。这种情况下，对于第 i 个乘客，他需要先等第 $i+1$ 个乘客到达，然后又经过 $j-(t[i+1]-t[i])$ 时间后车辆到达；对于第 $i+1$ 个乘客，他需要等 $j-(t[i+1]-t[i])$ 时间后车辆到达。因为第 i 个和第 $i+1$ 个乘客坐同一班车，第 $i+1$ 个乘客的等车时间为 $t[i]+j-t[i+1]$，所以有递推关系：

$$f(i+1,t[i]+j-t[i+1]) = f(i,j)+t[i]+j-t[i+1]$$

(2) i 和 $i+1$ 乘客坐不同班车。这种情况下，第 i 个和第 $i+1$ 个乘客的等车时间没有重合部分，有递推关系：

$$f(i+1,k) = f(i,j)+k$$

对于每个乘客，在递推过程中都要考虑这两种情况，从这两种情况中取更小的那种，因此两种情况的递推关系都要增加当前最小值的限定，即

$$f(i+1,t[i]+j-t[i+1]) = \min\{f(i+1,t[i]+j-t[i+1]), f(i,j)+t[i]+j-t[i+1]\}$$

$$f(i+1,k) = \min\{f(i+1,k), f(i,j)+k\}$$

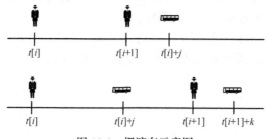

图 10-2　摆渡车示意图

参考代码如下：

```cpp
#include <iostream>
#include <memory.h>
#include <algorithm>
#define N 501
#define inf 0x7f

using namespace std;

int main()
{
    int a[N];
    int f[N][N/2];
```

```
    int n, m;
    cin >> n >> m;
    for (int i = 1; i <= n; i++)
        cin >> a[i];
    memset(f, inf, sizeof(f));
    for (int i = 0;i <=n; i++)
        f[1][i]=i;
    sort(a + 1, a + n + 1);
    for (int i = 1; i <= n; i++) {
        for (int j = 0; j <= 2*m; j++) {
            if (a[i+1] <= a[i]+j)
                f[i+1][a[i]+j-a[i+1]]    =    min(f[i+1][a[i]+j-a[i+1]],
f[i][j]+a[i]+j-a[i+1]);
            else
                for (int k=max(0,a[i]+j+m-a[i+1]);k<=2*m+1;k++)
                    f[i+1][k] = min(f[i+1][k], f[i][j]+k);
        }
    }
    int ans = inf;
    for (int i = 0; i <= m; i++)
        ans = min(ans, f[n][i]);
    cout << ans << endl;
    return 0;
}
```

例 10-9 子串(NOIP2015 提高组)。

有两个仅包含小写英文字母的字符串 A 和 B。

现在要从字符串 A 中取出 k 个互不重叠的非空子串，然后把这 k 个子串按照其在字符串 A 中出现的顺序依次连接起来得到一个新的字符串。请问有多少种方案可以使得这个新串与字符串 B 相等？

注意，子串取出的位置不同也认为是不同的方案。

输入格式：

第一行是三个正整数 n、m、k，分别表示字符串 A 的长度、字符串 B 的长度、问题描述中所提到的非空子串个数，每两个整数之间用一个空格隔开。

第二行包含一个长度为 n 的字符串，表示字符串 A。

第三行包含一个长度为 m 的字符串，表示字符串 B。

输出格式：

一个整数，表示所求方案数。

由于答案可能很大，所以这里要求输出答案对 1000000007 取模的结果。

示例 1：

输入:

6 3 1

aabaab

aab

输出:

2

示例说明:

<u>aab</u> aab / aab <u>aab</u>

示例2:

输入:

6 3 2

aabaab

aab

输出:

7

示例说明:

<u>a</u> <u>ab</u> aab / <u>a</u> aba <u>ab</u> / <u>a</u> <u>a</u> ba <u>ab</u> / aab <u>a</u> <u>ab</u>

<u>aa</u> <u>b</u> aab / <u>aa</u> baa <u>b</u> / aab <u>aa</u> <u>b</u>

示例3:

输入:

6 3 3

aabaab

aab

输出:

7

示例说明:

<u>a</u> <u>a</u> <u>b</u> aab / <u>a</u> <u>a</u> baa <u>b</u> / <u>a</u> <u>ab</u> <u>a</u> <u>a</u> <u>b</u> / <u>a</u> aba <u>a</u> <u>b</u>

<u>a</u> <u>a</u> b <u>a</u> <u>a</u> <u>b</u> / <u>a</u> <u>a</u> ba <u>a</u> <u>b</u> / aab <u>a</u> <u>a</u> <u>b</u>

仔细思考会发现匹配规则的一个特点,即串 A 的最后一位只能匹配串 B 的最后一位,可根据这个特点来设计动态规划算法。设 $f(i, j, k)$ 表示从串 A 中最多取到第 i 个字符,串 B 中最多取到第 j 个字符,取 k 个非空子串时的方案总数,那么从 $i-1$ 到 i 的递推关系可以这样分析:

(1) 当 $A_i \neq B_j$ 时,因为 A_i 只能用于匹配 B_j,所以 A_i 是用不上的,$f(i, j, k) = f(i-1, j, k)$。

(2) 当 $A_i = B_j$ 时,这里又可以分情况:

① 若 $A_{i-1} \neq B_{j-1}$，则 A_i 和 B_j 只能分别作为单独的子串去匹配，不能和之前的字符合并匹配。这种情况下增加的匹配方案数量是 $f(i-1, j-1, k-1)$ 个，即原来 $f(i-1, j-1, k-1)$ 个成立的方案都可以在后面加一个子串 $A_i = B_j$，构成 $f(i-1, j-1, k-1)$ 个新方案。因此 $f(i, j, k) = f(i-1, j, k) + f(i-1, j-1, k-1)$。

② 若 $A_{i-1} = B_{j-1}$，这里又可以分情况：

a. 若 $A_{i-2} \neq B_{j-2}$，则 $A_{i-1}A_i$ 和 $B_{j-1}B_j$ 只能分别作为单独的子串去匹配，不能和之前的字符合并匹配。这种情况下增加的匹配方案数量是 $f(i-2, j-2, k-1)$ 个，即原来 $f(i-2, j-2, k-1)$ 个成立的方案都可以在后面加一个子串 $A_{i-1}A_i = B_{j-1}B_j$，构成 $f(i-2, j-2, k-1)$ 个新方案。因此，$f(i, j, k) = f(i-1, j, k) + f(i-1, j-1, k-1) + f(i-2, j-2, k-1)$。

b. 若 $A_{i-2} = B_{j-2}$，这里又可以分为 $A_{i-3} \neq B_{j-3}$ 和 $A_{i-3} = B_{j-3}$ 的情况：……

因此递推关系如下：

设 p 满足：

$$\forall x \in [0, p], \quad A_{i-x} = B_{j-x} 且 A_{i-p-1} \neq B_{j-p-1}$$

则

$$f(i, j, k) = \begin{cases} f(i-1, j, k), & A_i \neq B_j \\ f(i-1, j, k) + \sum_{t=1}^{p+1} f(i-t, j-t, k-1), & A_i = B_j \end{cases}$$

由于 i 是从 1 开始逐一递增的，使用滚动数组节省空间，使用两个二维数组交替保存的办法，也可以使用 j 和 k 从后向前循环的办法，只使用一个二维数组保存临时数据。参考代码如下：

```
#include<iostream>
using namespace std;

int main(){
    int f[201][201] = {1};
    int sum[201][201];
    int n, m, K;
    char a[1001], b[201];
    cin >> n >> m >> K >> a >> b;
    for(int i = 1; i <= n; i++)
      for(int j = m; j >= 1; j--)
        for(int k = K; k >=1; k--) {
            sum[j][k]= (a[i-1]==b[j-1]) ? sum[j-1][k]+f[j-1][k-1] :0;
            f[j][k]=(f[j][k] + sum[j][k])%1000000007;
        }
    cout << f[m][K] << endl;
}
```

习　题

编程题

1. 摆花(NOIP2012 普及组)，题目详见 https://www.luogu.com.cn/problem/P1077。

2. 采药(NOIP2005 普及组)，题目详见 https://www.luogu.com.cn/problem/P1048。

3. 飞扬的小鸟(NOIP2014 提高组)，题目详见 https://www.luogu.com.cn/problem/P1941。

4. 乘积最大(NOIP2000 提高组)，题目详见 https://www.luogu.com.cn/problem/P1018。

习题参考答案或提示

第1章　概述

1. 数据集合、集合中各元素间的数据关系以及对数据集合的基本操作，称为抽象数据类型。

2. 有穷性、确定性、可行性、有输入、有输出。

3. 算法执行时间和处理数据规模的函数关系。

4. $O(n)$。

第2章　线性表

1. 顺序表的数据在内存中是顺序连续存储的，链表的数据无此要求。因此，顺序表访问任意元素效率高，插入和删除元素效率较低，链表正好相反。

2. 有序链表合并与顺序表合并的算法思路完全相同，按链表操作即可。

3. 设置2个指针，前一个先向右移动 n 个结点，然后两个结点同步向前移，直到前一个指针到达链表末端，这时两个指针之间的部分就是需要循环移动到链表头的部分。

4. 定义由学号和三门成绩构成的结构体，作为顺序表的每项元素。可采用冒泡排序算法对成绩进行排序，相等的情况按照规则进一步判断即可。

第3章　栈与队列

1. C。根据栈的后进先出特性进行判断。在选项C中，e出栈在ab之前， ab此时都在栈中，a不可能比b先出栈。

2. C。

3. 两个队列分别存放 $2x+1$ 和 $3x+1$ 的数。基本流程为循环执行以下操作：比较两个队列的队首元素，取出较小的那个，设为 x，将 $2x+1$ 和 $3x+1$ 分别放入两个队列；若两队首元素相等则同时取出。此过程可以保证两个队列内的数据都是有序的，因此取出的始终是当前满足条件的最小数字。

4. 例 3-2 表达式求值的简化版，当读取到的是"*"时直接计算，读取到的是"+"时压入栈中。不过这里增加了多个字符类型的数字组合成一个整数的情况，可以在读取字符的循环中用：之前累计结果乘以 10 加上(当前字符类型的数字– 0) 来实现。

第4章　递归

1. 递归引起的重复调用需要多次组织活动记录并占用栈空间，并可能伴随着大量重复的运算，造成较高的时间复杂度和空间复杂度。

2. 类似例 4-2 斐波那契数列的递归方法。

3. 与例 4-6 汉诺塔问题基本相同，原来移动一个盘子的步骤变成移动两个同样盘子的步骤。

第5章　串

1. fgh，defgh。

2. C 语言的字符数组以 "\0" 表示结束，没有长度信息，容易出现复制时内存溢出等问题，带来安全隐患，使用 C++ STL 的 string 类型更安全。

3. 首先比较所有单词的第 1 个字符，若均相同，则至少找到一个公共前缀字符串，内容为第 1 个字符。接下来比较第 2 个、第 3 个字符，直到不同，此前的公共前缀字符串即最长公共前缀字符串。

4. 对于回文字符串，可以采用从两头向中间比较的方法，与中心等距离的两侧对应字符分别相等即回文字符串。若不等，则删除左边或者右边的一个字符串，然后递归调用判断过程即可。按题目要求，只能删除一次，若删除一次后仍出现不等则不能满足条件。

第6章　树

1. 19。二叉树除根结点外每个结点有一个与父结点的边。

2. 9。 完全二叉树的左子结点编号=2×父结点编号+1。

3. DAEFGCB。

4. 可以理解为查找 p 或 q 是否有一个在结点 r 为根结点的子树上。从 root 开始，对 root->left 子树和 root->right 子树分别递归调用查找，如果左右子树都有 p 或 q 结点，表示两侧一边一个，root 就是公共祖先，返回 root；如果有一侧没有，那么必然在另一侧，返回另一侧的查找结果即可。

5. 参考例 6-3 的递归方法可以判断某子树是否为对称二叉树，需要加入另一个递归，计算以该结点为根结点的对称二叉子树的结点数量，并取最大值。以某个结点为根结点的子树结点数量 = 左子树结点数量 + 右子树结点数量 +1。需要小心的是，对称二叉树的子树并不一定是对称二叉树，为避免出现逻辑错误，判断对称的递归与求值的递归最好分开。

第 7 章　图

1. B。图的总入度等于总出度。

2. A。n 个顶点的图连通至少需要 $n-1$ 条边。

3. 采用拓扑排序即可。

4. 采用迪杰斯特拉最短路径算法求 K 到各点的最短路径，如果均存在最短路径，取其最大值，否则输出-1。

第 8 章　排序

1. 快速排序平均时间复杂度为 $O(n\log n)$，最坏时间复杂度为 $O(n^2)$。最坏时间复杂度出现在待排序数据为正序或逆序的情况下。

2. 可采用归并排序算法，其中找链表中间位置结点的方法可采用快慢指针，快指针每次移动两个结点，慢指针每次移动一个结点，快指针移动到链表末尾时，慢指针刚好移动到中间位置。

3. 首先，需要将所有的图书编码进行从小到大快速排序；其次，对于每个需求码，遍历所有的图书编码，当图书编码以该需求码结尾时，退出遍历并输出对应的图书编码，当不存在时，输出-1。

4. 此题很容易想到采用线性时间排序算法，但考虑到数据的数量远远小于可能的取值范围，线性时间排序算法效率反而很低，因此采用快速排序，然后统计每个自然数重复出现的次数，并去除重复自然数。

第 9 章　查找

1. 二分查找法处理的数据是排好序保存在顺序表中的，如果需要频繁插入、删除数据则效率很低，二叉查找树可以处理动态增删的数据集合，效率更高。

2. 当装填因子值较大时效率变低，尤其是当装填因子接近 1 时，插入数据会在许多次冲突后才能操作成功，效率极低。

3. 交集：遍历 s1 中的元素，若在 s2 中能找到，则加入交集集合。

并集：遍历 s1 中元素和 s2 中的元素，将所有不同的数加入并集集合。

4. 可采用类似例 9-3 的方法，用哈希表处理，效率较高。

第 10 章　动态规划

1. 定义 $f(i,j)$ 表示前 i 种花参加摆花，共摆 j 个花盆的方案数，那么递推公式为

$$f(i,j)=\sum_{k=0}^{a_i} f(i-1,j-k)$$

参 考 文 献

邓俊辉. 2013. 数据结构(C++语言版). 3 版. 北京：清华大学出版社.

李煜东. 2017. 算法竞赛进阶指南. 郑州：河南电子音像出版社.

力扣网. [2020-11-29]. https://leetcode-cn.com/problemset/all.

林厚从. 2018. 信息学奥赛课课通. 北京：高等教育出版社.

洛谷网. [2020-11-29]. https://www.luogu.com.cn/problem/list.

严蔚敏，吴伟民. 2007. 数据结构(C 语言版). 北京：清华大学出版社.

Cormen T H，Leiserson C E，Rivest R L，et al. 2006. 算法导论. 潘金贵，顾铁成，李成法，等译. 北京：机械工业出版社.